险峻 / 奇丽
圣境 / 神山
生机 / 孕育
守护 / 共生

澜沧江源园区解说手册

高原峡谷绽生机

主编
吕植　史湘莹

中国地图出版社

图书在版编目(CIP)数据

高原峡谷绽生机：澜沧江源园区解说手册 / 吕植，史湘莹主编；刘之秋副主编. -- 北京：中国地图出版社，2023.12
ISBN 978-7-5204-2856-9

Ⅰ. ①高… Ⅱ. ①吕…②史…③刘… Ⅲ. ①国家公园－研究－青海－手册 Ⅳ. ① S759.992.44-62

中国国家版本馆 CIP 数据核字 (2023) 第 231261 号

高原峡谷绽生机
——澜沧江源园区解说手册

出版发行	中国地图出版社	邮政编码	100054
社　址	北京市西城区白纸坊西街3号	网　址	www.sinomaps.com
电　话	010-83910934	经　销	新华书店
印　刷	河北环京美印刷有限公司	印　张	15.75
成品规格	210mm × 280mm		
版　次	2023年12月第1版	印　次	2023年12月河北第1次印刷
印　数	5000	定　价	108.00元

书　号　ISBN 978-7-5204-2856-9
审图号　青S(2023)237号

本书中国国界线系按照中国地图出版社1989年出版的1:400万《中华人民共和国地形图》绘制

《三江源国家公园自然教育系列丛书》

《高原峡谷绽生机——澜沧江源园区解说手册》

编写人员

主　　编　吕　植　史湘莹
副 主 编　刘之秋
参编人员　梁书洁　李雪阳　戴胡萱　贡保草　Terry Townshend　王　孜　陆　琪　邢　超
顾有容　夏艺丹　李语秋　秦　璇　赵　翔　黄　红　赵博雅　高天可

本书编辑部

策　　划　杨业清　张向阳　景淑媛　赵福生
责任编辑　赵福生
复　　审　张向阳
审稿专家（按姓氏笔画排序）
周志强　耿占坤　高庆波　唐　涓　黄培培　董得红　谢昌德　戴发旺　魏德静
内容审校　罗延海　牟永红　赵希国　更尕旺青　才仁文南　马玉章
审　　订　李红梅

地图设计　周　敏
地图制图　杜　爽　张越伟　覃雄风　胡红胜　李　运
地图审校　张云红　郭海峰　林　东　周之翠　郑　伟　东正兰　魏　芝

书籍设计　方　芳
排　　版　风尚境界

绘画主创　朱孟桦　王泽文　张洪愿
图片提供　徐　健　彭建生　董　磊　李俊杰　刘思远　计　云　韩雪松　雷　波　景颐霖
秋　笔　牛　洋　曾子轩　余天一　董江天　曾祥乐　刘国正　李梓豪　李雨晗
韦　铭　索南旦增　刘之秋　李语秋　王　孜　高天可　藏地影像　视觉中国　等
音视频制作　刘　尧　王　川

Preface to the series

总序

盛世修书，述典启智。编撰出版《三江源国家公园自然教育系列丛书》，是一项重大的自然教育工程，亦是国家公园给予国民的重要公共生态产品。这套丛书的出版，对于我们践行习近平生态文明思想，凝聚社会各界共识，认真履行保护好“中华水塔”这一“国之大者”的特殊使命，厚植公众生态文明素养，筑牢中华民族永续发展根基，都具有十分重要的意义。

三江源国家公园地处青海省西南部，长江、黄河、澜沧江发源于此，总面积 19.07 万平方千米。每年向下游输送近 600 亿立方米的清洁水，是我国乃至东南亚淡水资源的重要补给地。同时，三江源也是高原生物多样性最富集的地区，是全球气候变化的敏感区和重要启动区，是国家生态安全的重要屏障，其生态系统服务功能、自然景观、生物多样性具有全国乃至全球意义的保护价值。党中央、国务院对三江源的生态保护工作高度重视，全国人民充分关注，各方有识之士寄予厚望。

建立国家公园体制是习近平总书记亲自谋划、亲自部署、亲自推动的重大制度创新。2016 年 3 月，中共中央办公厅、国务院办公厅印发《三江源国家公园体制试点方案》，拉开了中国建立国家公园体制实践探索的序幕。三江源国家公园成为中国国家公园发展的先行者和“试验田”以来，创新管理体制机制，不断探索人与自然和谐共生之路，坚定不移做“中华水塔”守护人，引领全国各地催生了生态环境保护领域一批系统性、突破性、标志性成果。

2021 年 10 月，国家主席习近平在《生物多样性公约》第十五次缔约方大会领导人峰会上宣布正式设立三江源国家公园。全面推动三江源国家公园建设高质量发展，把三江源国家公园建设成为青藏高原生态保护修复示范区，三江源共建共享、人与自然和谐共生的先行区，青藏高原大自然保护展示和生态文化传承区，离不开文化铸魂，要教育先行。编撰出版《三江源国家公园自然教育系列丛书》，就是向广大读者全面介绍三江源国家公园最重要的自然生态系统、最独特的自然景观、最精华的自然遗产、最富集的生物多样性，也是挖掘天人合一等中华优秀传统文化，倡导公众树立尊重自然、顺应自然、保护自然的理念，着力打造具有国家代表性和世界影响力的自然保护地典范的有益尝试。

书以载道，文以养心。希望这套由中国地图出版社出版的大型丛书，能给读者提供一场对三江源无与伦比的认知盛宴，一起见证三江源国家公园的茁壮成长。

是为序。

三江源国家公园管理局

Preface
序

中国有悠久的生物多样性保护的“虞衡”制度历史，许多名山大川、名木古树都得以保护至今。中华人民共和国成立后，我们对自古以来的秀美山川更加珍爱，同时借鉴了世界各国的保护地管理经验。从上个世纪50年代开始，由起步到稳步再到快速发展，我国开始与国际接轨，并逐步在国际上引领生物多样性保护。

世界上第一个国家公园是美国于1872年建立的，经过100多年的发展，国家公园理念在世界上多数国家得到了响应。世界各国根据本国的资源特色和自身国情，进行了实践探索，保护思想和管理模式也逐步推进。从世界范围来看，早期主要以保护国家公园的壮丽自然景观、满足国民游憩需要为目的；到了中后期，开始重视对国家公园的生态系统研究和保护，同时强化其自然教育功能，可以说国家公园已然成为面向公众进行自然教育的重要场所。

建立国家公园体制是党的十八届三中全会提出的重点改革任务，是我国生态文明建设的重要内容，对于推进生物多样性保护、促进人与自然和谐共生、提高国民的幸福感和国家认同感、培育社区发展能力具有极其重要的意义。为了建设好三江源等国家公园，国家先后出台了《建立国家公园体制总体方案》《关于建立以国家公园为主体的自然保护地体系的指导意见》等文件，国家林业和草原局研究制定了《国家公园管理暂行办法》。这些文件都强调了生物多样性保护，也提出了开展自然环境教育，为公众提供亲近自然、体验自然、了解自然以及作为国民福利的游憩机会。

近年来，青海省按照推动“青海在建立以国家公园为主体的自然保护地体系上走在前头”的总体目标要求，从完善自然保护地空间布局、建立自然保护地统一分级管理新体制、建立规划标准体系、提升自然保护地管理能力、促进人与自然和谐共生等方面明确了多项具体工作任务，为把青海省打造成国家公园示范省新高地奠定了坚实基础。在此过程中，三江源国家公园管理局在教育解说方面做了大量的工作，主要体现在内容的深入性挖掘和形式的多样化拓展上。

在深入三江源国家公园各园区调查的基础上，经过挖掘与提炼，形成了1总4分的5本解说手册。“1总”——《三水同源润中华》：让您从整体上了解三江源国家公园，重点宏观解说三江源国家公园及其3个园区的共性。开篇采用第一人称的手法，以自述的形式展示三江源国家公园。后续以三江源的“水”为主线，从资源、生态、生命、文化、保护5个方面解说“中华水塔”。“4分”——3园区及遗产地分册，即《一江清水向东流》《星宿长河问九天》《高原峡谷绽生机》《荒野秘境守生灵》。每个园区分册基本上包含流域溯源、源区印象及园区导览三个方面的内容，以流域溯源为切入点，引入江河源头区域；然后解说各园区的自然地理、地质成因、生物多样性及自然和文化景观等，重点展示每个园区的核心特色，突出与其他园区的差异；最后以园区导览为重点，侧重导览点线的针对性解说。遗产地分册围绕青海可可西里作为世界自然遗产地的核心价值，解说它的荒野魅力及生态保护。全书最大特点是统分结合、详略有序，既有总体概括、共性描述，又有分项补充，以彰显各个区域的核心价值。

“通过解说而了解，通过了解而欣赏，通过欣赏而保护”。好的解说，不仅仅是知识的传递、内涵的理解，更是心灵的唤醒、情感的共鸣。这也正是本套解说手册的编写目的和意义所在，希望该套书的出版能成为连接读者和三江源国家公园的桥梁。

北京林业大学生态文明研究院 院长

Foreword

前言

青藏高原的隆起，是地球数千万年来最伟大的巨变之一。群耸的雪山中发源的汩汩细流，最终汇聚成江河浩荡而下，滋养了全球近五分之一的人口。从长江、黄河到澜沧江，这些河流在不同的区域，被不同的民族冠以“母亲河”的称谓，而这三条河流发源的区域，被称为“三江源”。

三江源中的澜沧江源区指青海省玉树藏族自治州杂多县以上的流域地区。藏语中，“多”是源头的意思，杂多，就是澜沧江源头——扎曲的上游。从地理的角度来说，河流“唯远为源”，澜沧江的地理源头仍有争议，有一种说法认为澜沧江地理源头在青海省玉树藏族自治州杂多县的吉富山。而文化源头，则在吉富山30多千米外的扎西曲瓦，藏语里是“吉祥的水源旋转汇聚”的意思。扎西曲瓦是由终年不会干涸、结冰的泉眼汇聚而成的湖泊，四周满是当地人们放置的经幡和嘛呢石，湖水荡漾，经幡摇曳，你站在那里，会有殊胜感。

在澜沧江的源头，水不仅是以河流的形式出现，在很多泉眼或者湖泊的周边，你会经常看到经幡或煨桑的白塔，这是为了祭祀水神“鲁”。当地人们认为河流和水源中居住着神灵，如果你污染了水源，或者做了不敬的事情，就会得罪神灵。在传统中，人的身体和自然中的元素紧密相连，比如身上得了皮肤病，会认为那是因为水神“鲁”不高兴了。一条河流，因为这样的寓意，好像就有了生命与形象。

这里也有很多著名的山峦，比如喇嘛诺拉，当地人们也认为这些山峦上住着山神。在传统文化里，山神是以山为地标的拥有固定地域和祭祀圈的地域保护神，山神的寄居之处通常是一个村落或者部落所在的山川之巅。

这里的神山圣湖体系是极其庞大的。和山神、水神联系在一起的，是对山和水的敬畏。祭祀山神和水神，不仅仅是同山神和水神对话，也是人类在严酷的自然条件下生活的不断试探。

在神山圣水的庇佑之下，澜沧江源的动植物自由地栖居于此。在高山和裸岩之上，这片土地的王者——雪豹俯视着大地。作为山地生态系统的旗舰物种，雪豹以生活在雪线之上而闻名，也是雪域高原最美的代言者。澜沧江源园区内的昂赛大峡谷有“雪豹之乡”的美誉，这个大峡谷里面保留了原真且完整的生态系统，生长了数百年的大果圆柏举目皆是，而始于白垩纪的丹霞地貌，更是孕育了鬼斧神工的地质造型。作为三江源林线海拔最高的地方，从高山裸岩、高寒草甸到高寒森林，昂赛保留了多样而丰富的植被类型，也为诸多的野生动物提供了活动的空间。截至 2023 年 9 月，通过红外相机，在昂赛已经累计识别出了雪豹个体 99 只。

这里的文化同样令人惊叹。当你路过一个垭口，你会看到风中飘荡着五颜六色的经幡，经幡的四角会有狮子、老虎、龙以及大鹏鸟。在阳光和雪色中，这些经幡上写满了文字，人们希望借助风的力量传到远方。

无论是野生动物还是人类，都依靠草地来生存。为了适应高寒的生态环境，这里的人们采用了以游牧为主的生产方式。牧民会随着季节的变化逐草而居，暖季上高山牧场，即“夏季牧场”，冷季转移到低洼牧场，即“冬季牧场”。如此一来，不同区域的草场就得以休养和生长，家畜又可以很好地利用处于生长期的牧草。但如今，由于牧民对现代化生活的需求，以及定居、围栏等政策的引导，游牧正在慢慢减少，并深刻影响着局部的草地。

这里并不全是美好，人兽冲突在这里是无法回避的话题。从雪豹、狼捕食家畜，到西藏棕熊扒房子，你总是会听到人们用各种各样的语言来描述这些问题。一些研究者们认为，人类与大型食肉动物之间是竞争的关系，两者对空间、食物等自然资源的竞争导致了人兽冲突，建议通过约束竞争或促进生态位的分化来缓解冲突、实现共存。然而，这片土地上竞争和对立并不是人们理解的全部。从很多当地人的视角看，虽然雪豹会吃家畜，但牧民和雪豹之间的关系并非竞争，冲突并不是共存的对立面，或许只是不断变化的背景下共存的另一种表现形式。

在人类向自然不断的征服和试探中，需要怀着敬畏和理解，来重新定位澜沧江源。希望你喜欢这场澜沧江的阅读旅行，从“观察”一朵花、一只雪豹、一座山或一条河流开始，了解这里的过去、现在和未来。

编　者

接下来，

让我们一起解密三江源国家公园

澜沧江源园区！

或许，这将是你第一次

走进澜沧江最初开始的地方，

在天地渺然的高原之巅

触摸清泉、涓流与冰瀑，

与牧民一起见证江河的生长，

和万物共同吐纳自然的能量；

见草木鸟兽，

见山水神迹，

见人类与生灵和谐共生，

见传统与科学自由对话。

发现一条河，

就发现了一整个世界……

Contents

目 录

第一章 初识澜沧江

003 前世与今生
004 澜沧江—湄公河概况
009 澜沧江—湄公河的形成

011 一条河的南北旅行
012 一“曲”的高原故事
015 三江共同奔流
020 在中南半岛缓行入海

025 多样的地理、生态与文化
026 地形、地质与气候
029 生物多样性与生态系统价值
038 风貌迥异的民族聚落

第二章 寻源澜沧江

045 从“无源之水”说起
046 从未止步的溯源历程
062 扎曲之水自何处来
068 气候变化与澜沧江源

079 独一无二的澜沧风景
080 交错分布的垂直与水平生态系统
094 来自白垩纪的高原丹霞
100 “绝处”逢生的澜沧森林
104 昂赛大猫谷的兽类“网络”
114 山地峡谷的飞羽天堂
121 短暂而绚烂的高原之花

135 鲜为人知的江源人文
136 从格仲宝地到秘境禅乡
138 澜沧江源的衣食住行
146 神山圣湖的山水文化

153 传承与守护
154 重要的生态保护价值
160 昂赛大猫谷的守护故事
164 国家公园外的保护地建设

第三章 观源澜沧江

173 在澜沧江源感受山水有灵
——源区山水
174 扎阿曲科考探源行 *
178 扎那曲科考探源行 *
182 布当曲科考探源行
186 漂流澜沧江

189 在澜沧江源体验“自然奇遇”
——源区自然
190 昂赛大峡谷的科学考察 *
202 漫步地青
208 澜沧森林中鸟类考察
212 澜沧江源识花问草

217 踏上澜沧江源人文之路
——源区人文
218 寻访“格吉杂多”的过去与现在
224 在澜沧江源与格萨尔王同行
226 重走澜沧江源入藏古道
228 探访“青海南大门”囊谦

图 例

省级行政中心
地级市行政中心
自治州行政中心
县级行政中心
乡、镇级行政中心
村庄
外国首都
▲吉富山 山峰
未定 国界
省级界
州、地级市界
常年河、时令河
常年湖、时令湖

第一章
初识澜沧江

1 前世与今生

2 一条河的南北旅行

3 多样的地理、生态与文化

初遇澜沧江的人会惊叹其奔腾不息的身姿。

这条古老的河流，源自青海省玉树藏族自治州杂多县，穿越草原与峡谷，蜿蜒于山脉之间，经中国、缅甸、老挝、泰国、柬埔寨和越南6国，最终奔涌入海。澜沧江的水，汲取了高山之力，呈现出一派辽阔恢宏的江河景观。澜沧江的岸，滋养了丰富多样的植被，沿途的雪山、峡谷、草甸、森林孕育了无数珍稀物种。在近几千年的历史长河中，澜沧江铸就了这片土地上独特的风土人情，见证了各国繁荣与沧桑的历史变迁、民族的融合与文化的交流。

源头水量充沛，孕育江河。

前世与今生

澜沧江，这条浩浩荡荡的大江，似乎有着恒久的故事与传说。

当我们追溯澜沧江的前世，这条大河的形成与青藏高原的隆起有着密不可分的联系，正是在地壳运动的激荡中，它蜕变成一条壮丽的河流。

澜沧江的今生则是人类与自然的紧密相连、相互依存。澜沧江流域是生物多样性的宝库，这些生物在生态链上扮演着各自的角色，维系着整个生态系统的稳定和健康。

面对气候变化和人类发展的挑战，要永葆澜沧江生态系统的健康活力，它的未来需要我们每一个人共同的努力。

澜沧江—湄公河概况

澜沧江，一个雄浑壮美、颇具气势的名字，让人联想到奔腾而下的江水与激荡轰鸣的巨浪。这条发源于我国青海省玉树藏族自治州杂多县的大江，一路流经西藏自治区和云南省，穿过中国国界后，经缅甸、老挝、泰国、柬埔寨和越南 5 国，最终汇入南海，流出中国的澜沧江有另外一个同样为大众所熟知的名字——湄公河。

澜沧江—湄公河干流全长约 4880 千米，是亚洲最重要的跨国水系，也被称为“东方多瑙河”。流域总面积大约 81.1 万平方千米，涵盖了多种多样的地形地貌：北部区域包括青藏高原、三江并流区以及澜沧江干流河谷盆地三大区域，涉及中国和缅甸两国；南部区域则包括北部高地、长山山脉、南部高地、呵叻高原、洞里萨盆地以及湄公河三角洲等区域，涵盖了泰国、老挝、柬埔寨和越南。连接着上下游 6 个国家的澜沧江—湄公河创造了“共饮一江水”的佳话。

作为典型的南向河流，澜沧江—湄公河所经流域几乎包括了世界上除戈壁和沙漠以外的所有自然景观和气候类型。它绕过茫茫雪山，穿梭峭壁深谷，蹚过干热河谷，串联起一个个湿地、湖泊，涌入热带雨林，为无数野生动植物提供了绝佳的栖息地，是极为宝贵的野生动植物遗传基因库，雪豹、滇金丝猴、长臂猿等濒危野生动物和红豆杉、望天树等濒危植物在这里繁衍生息。国际环保组织“保护国际”划定了 34 个全球生物多样性热点地区，这些热点地区在很小的地域面积内包含了非常丰富的物种多样性，澜沧江—

澜沧江—湄公河

干流全长 > 约 4880 千米

流域面积 > 约 81.1 万平方千米

视频：
澜沧江—湄公河

澜沧江流经杂多县昂赛乡

澜沧江流域图
玉树
青海省玉树藏族自治州州府
囊谦
青海省“南大门”，214国道途经地
唐古拉山脉
位于青藏高原腹地，是长江、澜沧江、怒江水系发源地
杂多
澜沧江流经的第一县，自杂多县以上均为澜沧江源头区
昌都
“昌都”意为汇合处，扎曲与昂曲汇合后始称澜沧江，昌都以上为上游地区
他念他翁山
唐古拉山南脉，也是澜沧江和怒江的分水岭
芒康盐井
有着1300多年历史的4000多块古盐田至今仍在产盐
梅里雪山
主峰卡瓦格博是藏区八大神山之首，其中明永冰川为世界上罕见的低纬度低海拔冰川
金沙江
在三江并流区域，澜沧江与金沙江最短直线距离为66千米
德钦
原名“阿墩子”，自唐朝以来就是梅里雪山地区政治、文化、经济、宗教的交流中心，是茶马古道滇藏线上的重要枢纽
横断山脉
包含了七条分布于
青海省
甘肃省
四川省
西藏自治区
青藏高原
巴颜喀拉山
唐古拉山脉
念青唐古拉山
川西高原
他念他翁山
昌都市
玉树市
林芝市
康定市
雅安市

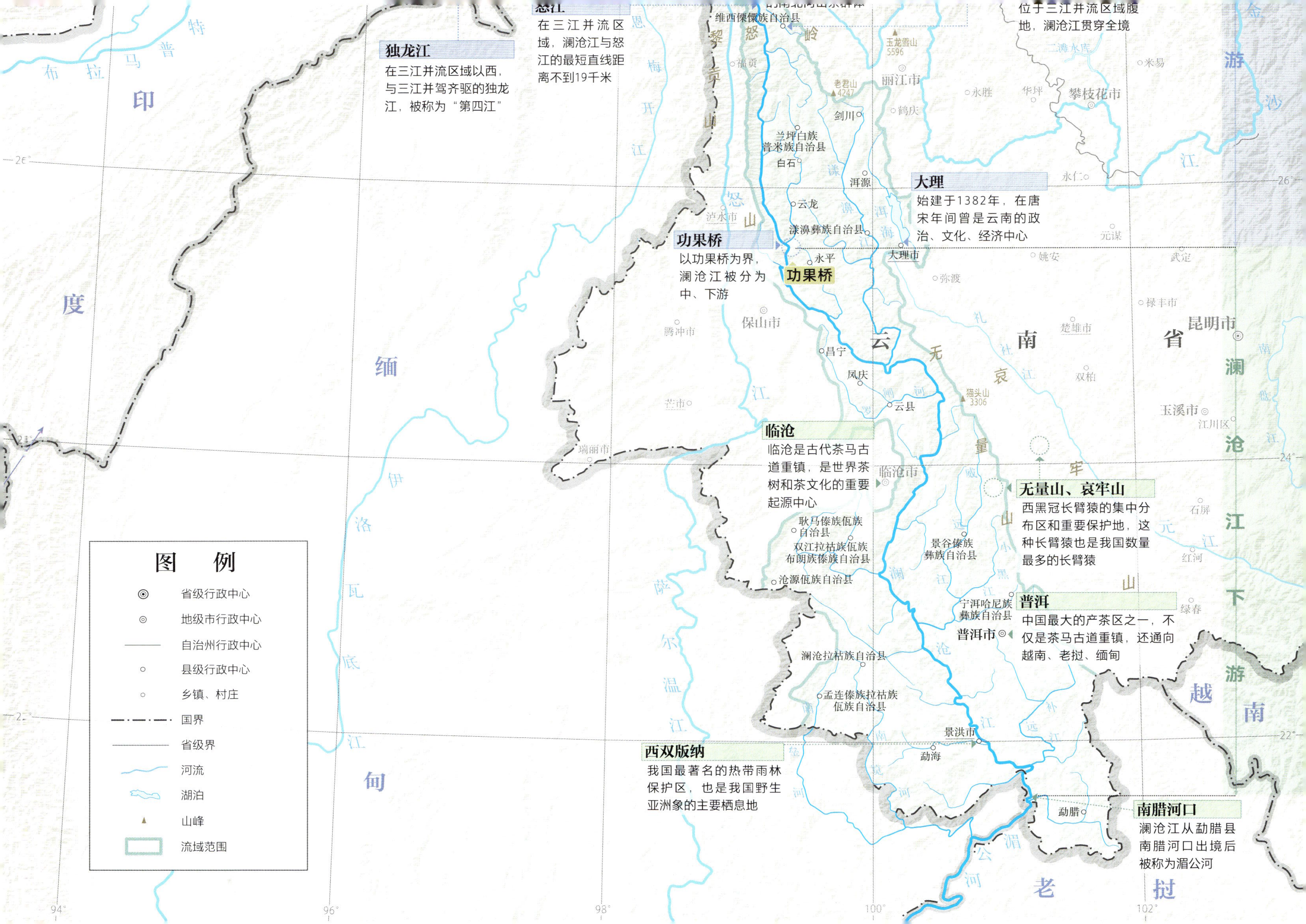
独龙江
在三江并流区域以西，与三江并驾齐驱的独龙江，被称为“第四江”
怒江
在三江并流区域，澜沧江与怒江的最短直线距离不到19千米
位于三江并流区域腹地，澜沧江贯穿全境
大理
始建于1382年，在唐宋年间曾是云南的政治、文化、经济中心
功果桥
以功果桥为界，澜沧江被分为中、下游
临沧
临沧是古代茶马古道重镇，是世界茶树和茶文化的重要起源中心
无量山、哀牢山
西黑冠长臂猿的集中分布区和重要保护地，这种长臂猿也是我国数量最多的长臂猿
普洱
中国最大的产茶区之一，不仅是茶马古道重镇，还通向越南、老挝、缅甸
西双版纳
我国最著名的热带雨林保护区，也是我国野生亚洲象的主要栖息地
南腊河口
澜沧江从勐腊县南腊河口出境后被称为湄公河
云南省
印度
缅甸
越南
老挝
澜沧江下游
昆明市
玉溪市
楚雄市
丽江市
攀枝花市
大理市
保山市
临沧市
普洱市
景洪市
腾冲市
芒市
瑞丽市
泸水市
维西傈僳族自治县
兰坪白族普米族自治县
漾濞彝族自治县
耿马傣族佤族自治县
双江拉祜族佤族布朗族傣族自治县
沧源佤族自治县
景谷傣族彝族自治县
宁洱哈尼族彝族自治县
澜沧拉祜族自治县
孟连傣族拉祜族佤族自治县
勐海
勐腊
玉龙雪山 5596
老君山 4247
猫头山 3306
图例
省级行政中心
地级市行政中心
自治州行政中心
县级行政中心
乡镇、村庄
国界
省级界
河流
湖泊
山峰
流域范围

湄公河就在两个世界生物多样性热点地区——东南亚热带生物多样性热点地区和位于河谷的中国西南山地生物多样性热点地区内。并且，澜沧江处于这两个地区中物种最为丰富的区域。

澜沧江也连接起藏族、傈僳族、傣族、纳西族、白族、彝族、拉祜族等多个民族，承载着各种历史、文化、信仰，诗人于坚称之为“众神之河”。区域内丰富的生物多样性为我国流域内7000万人提供了多种生态服务，包括供给淡水和食物、提供生计来源等。然而近几十年来，澜沧江流域内的生物多样性和生态系统服务在气候变化和过度开采自然资源的情况下加速丧失。理应有更多的公众感受、理解这条河流以及其源头，并且采取行动来保护澜沧江。

长江、黄河、澜沧江一同从高原流出，却逐渐生长出不同的性格与特质，而澜沧江及湄公河便是其中样貌最多变、色彩最浓烈的那条。无论是气候、环境、生物，还是民族、文化、景观，都富于变化且极为多样。这条著名的国际大河，串联起沿途迥异的地形地貌、丰富的气候区、不同的生物区、不同国家和各个民族。对于亚洲东南部而言，澜沧江—湄公河是一条真正意义上不可或缺的生命之河。我国境内的澜沧江大体分为河源、上游、中游、下游四部分。

杂多县扎青乡，溪水汇入澜沧江。

澜沧江—湄公河的形成

一条大江的生命跨度远超人类的想象，说到澜沧江—湄公河的形成，就不得不提到青藏高原。青藏高原有“世界屋脊”“雪域高原”和地球“第三极”之称，印度板块和亚欧板块发生碰撞，青藏高原不断隆升，逐渐从沧海变成了陆地，这一碰撞、隆升过程至今仍在延续。山系纵横、群峰高耸，再加上广泛发育的冰川积雪，青藏高原成为当之无愧的“亚洲水塔”，是众多大江大河的发源地，其中就包括澜沧江—湄公河。

一条大河的真正形成，除了要有源头，还必定伴随着水量的增加与河道的下切。近年来，科学家利用从澜沧江河谷地段采集的样品进行研究，发现澜沧江上、中、下段河谷均在距今 1700 万年左右发生了大幅度的快速下切。同一时期，东亚季风迅速增强，模拟实验表明，东亚季风增强带来的强降水增加有利于澜沧江河道的快速下切。在这两种条件下，澜沧江—湄公河最终形成。

在时间的长河里，地形约束着江河，而流水也在雕刻着大地。这条横贯南北的大江从高原出发，穿山破壁、奔流至今，滋养着中国西南和东南亚各国广阔的高山丛林与沃野平川，也见证了无数生命的轮回。

澜沧江源头区，江水两边高山环绕。

2 一条河的南北旅行

和一路向东的长江、黄河相比，南下是澜沧江的主旋律，在高原的怀抱中，澜沧江婉转流淌，宛如一条白色的丝带。澜沧江上游的两大河流扎曲和昂曲在西藏昌都交汇，一路向南，进入云南。在横断山脉的纵深峡谷中，澜沧江和金沙江、怒江并行奔流，形成了三江并流的奇观。继续南下，澜沧江进入东南亚各国，经过北部高原、长山山脉、南部高地、呵叻高原，最终形成哺育当地人民的湄公河三角洲。

澜沧江的南北之旅展示了令人叹为观止的自然风光和丰富多样的文化遗产。让我们一同踏上旅程，探寻澜沧江流域的秘密。

一“曲”的高原故事

一直以来，澜沧江真正的源头存在争议。目前有一种说法，认为澜沧江源在青海省玉树藏族自治州杂多县的吉富山谷，吉富山海拔约 5200 米，地理坐标是东经 94°40′52″、北纬 33°45′48″。如果从这个源头算起，澜沧江—湄公河的长度就达到了 4909 千米。三江源国家公园内的澜沧江源园区涉及杂多县的 5 个乡：莫云、查旦、扎青、阿多和昂赛。这里海拔较高、河网纵横、湖沼密布，是典型的高寒草原地带。

在藏语中，“曲”指的是河流，“措”指的是湖泊。澜沧江上游段被称为扎曲，在藏语里一般理解为“从山岩中流出的水”。扎曲的源头一般认为是扎阿曲或扎那曲，均发源于唐古拉山北麓，这两条支流汇合后始

吉富山水流

称扎曲。众多支流经过的地区地形颇为复杂，这里冰峰高耸，溪沼众多，遍布险滩深谷和原始林区。

整体来看，扎曲发源的西部地区地势平坦、山体低矮平缓。例如，西部“三滩”——位于昆仑山和唐古拉山腹地的莫云滩、旦荣滩、查用滩，是大面积的高海拔天然沼泽湿地和高寒沼泽草甸湿地。向东则是从高山宽谷过渡到峡谷深地，如自然观察爱好者眼中的雪豹观赏圣地——著名的昂赛大峡谷，以

峡谷茂密的树林是金钱豹的理想栖息地。

昂赛乡丹霞陡崖景观

其原始森林、丹霞地貌和丰富的野生动物资源，赢得了“中国的科罗拉多大峡谷”“中国黄石公园”等美誉。

此外，澜沧江在青海还有昂曲、子曲等几条较大的支流。由杂多县至昌都市的江段为澜沧江上游，扎曲在西藏自治区昌都市附近与昂曲汇合后，始称澜沧江，而昌都的意思正是“两河汇合处”。流经察雅、左贡和芒康县后，澜沧江在德钦县下盐井流入云南省。也正是从这里开始，澜沧江进入了新的流域——三江并流区。

扎曲和昂曲在昌都汇合后，始称澜沧江。

三江共同奔流

源头至昌都为河源区及上游河段，长565.4千米。此后，扎曲在昌都与昂曲汇流，正式成为澜沧江，流经昌都市和察雅、左贡、芒康县。从昌都至功果桥为中游河段，长813.7千米；从功果桥至南腊河口为下游河段，长724.3千米。澜沧江在云南省境内流经迪庆藏族自治州、怒江傈僳族自治州、大理白族自治州、保山市、临沧市、普洱市、西双版纳傣族自治州等7个自治州（市）、39个县（区），其中30个县（区）在流域水系内。最后，澜沧江从勐腊县出境，最终流出中国。在中游河段，构造运动导致的挤压碰撞使得青藏高原整体抬升，形成了我国大地构造体系中唯一覆盖青川藏交界处东北—西南向“歹”字形地质构造体系，青藏高原东侧因为应力被强行扭曲，山系走向发生了改变，形成了一系列近南北向剪切断裂组成的剪切带——横断山脉，也使发源于唐古拉山脉的长江、澜沧江、怒江水系纷纷从东西流向变成南北流向。

作为世界上最年轻的山群之一，横断山脉包含了7条分布于川滇和西藏的南北走向山脉，是我国最长、最宽和最典型的南北向山系群体。它们并行迤南，横阻断路，也因此得名“横断山脉”。如果将那些同样拥有极大地形切割度的、与横断山脉相接的区域一起纳入，将得到一个景观极度丰富的自然区，有专家将其称为“大横断”。

构造运动塑造了横断山脉南北走向的一系列褶皱山脉，而流水就在这褶皱隆起的大山间切割出了一道道幽深的峡谷，形成了峡谷类型最齐全、深度与长度极为罕见的世界峡谷密集分布区。在这里，澜沧江和金沙江、怒江并列相间而行，形成了举世罕见的江水并流而不交汇的奇特自然地理景观，被称为“三江并流”。

据测算，澜沧江与金沙江的最短直线距离仅为66千米，澜沧江与怒江的最短直线距离甚至不到19千米。流域内的最高峰——梅里雪山卡瓦格博峰海拔为6740米，与海拔200多米的出境口云南省勐腊县南腊河河口，竟相差了约6500米。2003年7月2日，联

拓展阅读

横断山是一系列南北向山脉的总称，包括伯舒拉岭—高黎贡山、他念他翁山—怒山、芒康山—云岭、沙鲁里山、大雪山、邛崃山、岷山7列，北部以昌都—甘孜—马尔康一线与昆仑山、唐古拉山为界，向南主体部分大致与青藏高原东南缘相当，广义的横断山则延伸至国界附近。

这里山高谷深、河流激荡，地形起伏极大。大家熟知的贡嘎山、四姑娘山、梅里雪山、亚丁三神山、九寨沟、黄龙、若尔盖等著名景点都聚集于此。

三江并流及横断山区域展示图

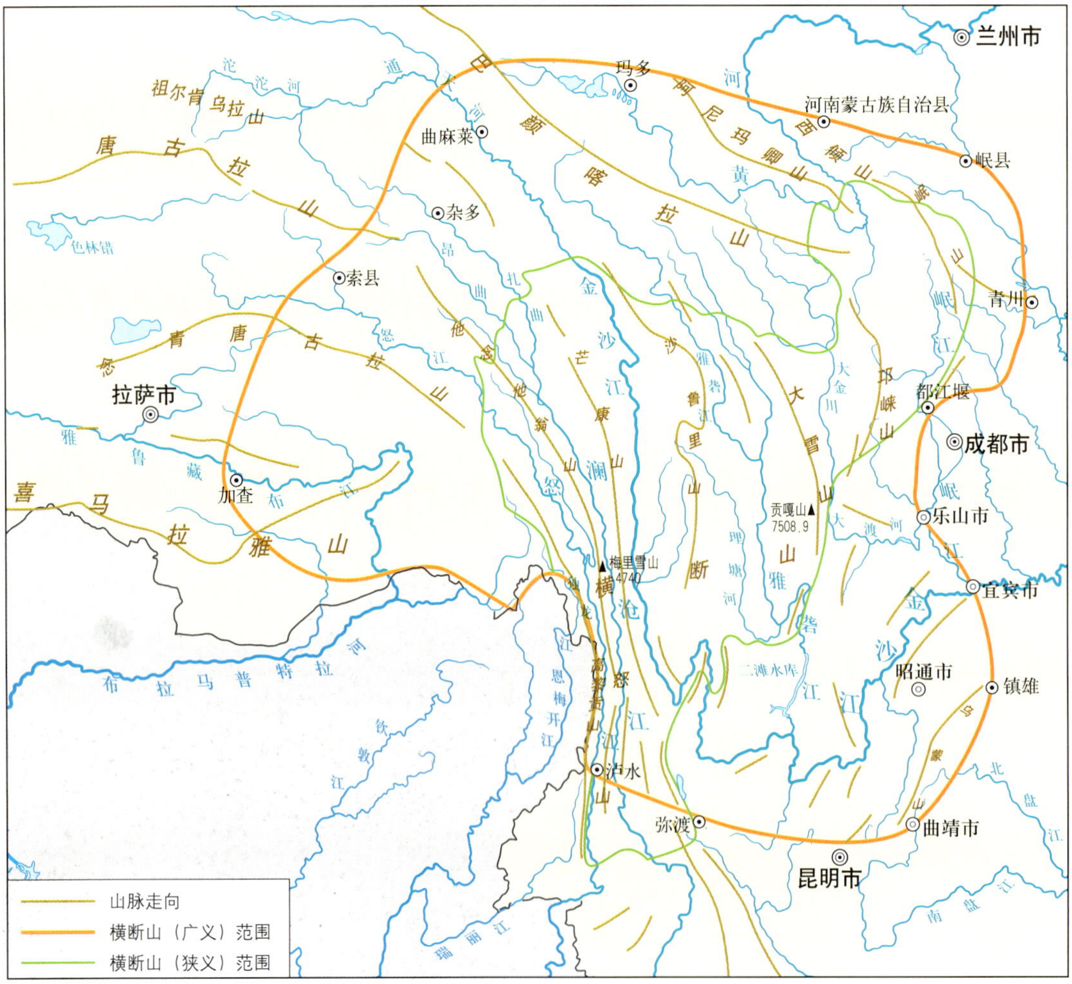

合国教科文组织第 27 届世界遗产大会一致决定，将“三江并流”自然景观列入联合国教科文组织的《世界遗产名录》。

地质作用和冰川流水共同塑造了“三江并流”地区多种多样的自然景观，如深邃峡谷、绝壁奇峰、冰

位于三江并流区域的云南德钦那仁村，是滇金丝猴的重要栖息地。

川谷地、冰蚀湖群、激流瀑布等，这些丰富多样的地貌景观和地质现象向世人展示了地形地貌被强大的自然之力塑造的过程。

三江并流区同样也是世界生物多样性最为丰富的地区之一，被誉为“世界上蕴藏最丰富的地质地貌博物馆”“世界生物基因库”“天然高山花园”等，被世界自然保护联盟（IUCN）确定为全球25个生物多样性热点地区之一。这一区域的植物类群组成丰富，垂直分布明显，是世界著名的植物标本产地。

目前，这一区域内栖息着珍稀濒危动物，有雪豹、藏羚、藏野驴、滇金丝猴、亚洲象、绿孔雀、黑颈鹤、黑颈长尾雉、鬣鹿、印支虎、长臂猿、蜂猴、灰叶猴、印度野牛等77种国家级保护动物，以及秃杉、桫椤、红豆杉等34种国家级保护植物，具有极其重要的生态意义。由于多种原因造成的栖息地丧失和破坏，澜沧江—湄公河流域已经成为很多濒危物种最后的避难所，其生态环境也直接影响到下游流域的物种存续，更影响着各国约数亿人民的生活环境和生产活动。

在三江并流区以南，澜沧江流入澜沧盆地，随着海拔的降低，江水流速减缓，江面也逐渐变宽。澜沧江在云南省勐腊县南腊河河口出境，成为中国和缅甸的界河，始称湄公河。之后到达缅甸、老挝和泰国相接的地区，同时也是鲁阿克河（沿着泰缅边界）和湄公河的交汇点——这个三角形地带有时也被称为“金三角”，此前因长期盛产罂粟等毒品、滋生黑暗与犯罪而闻名于世。自此，湄公河向东南拐入老挝并流入下方流域。

三江并流区域的珍稀动植物

面　积 > 不到0.4%
占全国比重

植　物 > 20%以上
占全国比重
7000
多种
5079
种中国特有植物

动　物 > 25%
占全国比重

亚洲象群

拓展阅读

三江并流地区是世界上蕴藏最丰富的地质地貌博物馆，这里地处东亚、南亚和青藏高原三大地理区域的交会处，是世界上罕见的高山地貌及其演化的代表地区，也是世界上生物物种最丰富的地区之一。

由于三江并流地区未受第四纪冰期大陆冰川的覆盖，加之区域内山脉为南北走向，因此这里成为欧亚大陆生物物种南来北往的主要通道和避难所，是欧亚大陆生物群落最富集的地区。三江并流地域山高谷深，气候、生物垂直分布明显，下部是干热河谷，向上逐渐演变成寒冷的雪山，地域内动植物多样化极其明显。这一地区占中国国土面积不到0.4%，却拥有全国20%以上、超过7000种高等植物，其中中国特有种就有5079种；此外，还拥有全国25%的动物种数，包括各类珍稀、特有、孑遗生物种类。

云龙天池滇金丝猴

黑颈鹤

在中南半岛缓行入海

从澜沧盆地流出中国后，湄公河流经缅甸、老挝、泰国、柬埔寨及越南。从地理上分为以下几个区域：北部高原—长山山脉—南部高地、呵叻高原、洞里萨湖盆地和湄公河平原。

北部高原由缅甸东北部、泰国北部以及老挝北部的山区组成，这里海拔较高，地形以陡峭的山地为主，只有少量的高原和河流冲积台地。长山山脉是中南半岛的主要山脉，从西北向东南延伸800余千米，也是越南与老挝的分界山。受西南季风的影响，南坡和西坡雨量丰沛，因此森林繁茂、郁郁葱葱。中南半岛的平原地区由于持续开发和人口扩张，野生动植物大都遭受重创，而长山山脉这个庞大的生态系统，正是众多珍稀动物最后的家园，有印支虎、云豹、金猫、亚洲黑熊、中南大羚、斑林狸、大灵猫等物种。南部高地主要包括柬埔寨的豆蔻山脉，这条西北—东南走向的山脉一直延伸至泰国的高原地区。豆蔻山脉的西坡被茂密的雨林所覆盖，降水充沛，是东南亚大陆第二大原始雨林，也是众多野生动植物的庇护所。到达永珍下游后，河道的南面就是呵叻高原。呵叻高原属于泰国和老挝两国，整体为碟形台地，这里湄公河的主要支流是锡河和蒙河。

流经呵叻高原以东的宽阔山谷后，湄公河进入柬埔寨首都金边以北的洞里萨湖盆地。洞里萨湖盆地是一个大型冲积平原，四周被群山环绕。而洞里萨湖位于盆地中西部，是东南亚最大的淡水湖，也是柬埔寨人民的“生命之湖”。洞里萨湖意为“巨大的淡水

湄公河洞里萨湖

湖”或“大湖”，对调控湄公河的水量起着重要作用。雨季来临时，湄公河暴涨、水量剧增，汹涌的河水经过洞里萨河灌入洞里萨湖，短时间内避免了湄公河下游的洪灾。这时候，湖水的面积可增加6倍，平均水深从旱季的1米多增至10米以上；而在雨季结束后，洞里萨湖蓄积的水体又会逐渐通过洞里萨河源源不断地回补湄公河。这样的季节性水文循环，保证了湖泊丰富的生物多样性，也养育了周边300万以上的居民。

湄公河北部高地

当地人直接或间接地以渔业为生，捕鱼是很多人家唯一的收入来源。

在柬埔寨首都金边附近，从湄公河分出了一条名为巴萨河的支流，标志着湄公河三角洲的开端。而在越南，湄公河更是分为九条支流汇入南海，沿途携带的巨量泥沙在此沉积，形成了广阔的平原，因此湄公河三角洲又称九龙江平原。作为东南亚地区最大的平原（其中约五分之一属于柬埔寨，其余属于越南），湄公河三角洲人口稠密，也是越南最富饶的地区。这里的平均海拔不到 2 米，放眼望去尽是纵横交错的河渠、一望无际的稻田和硕果满枝的果园。由于水源充足、气候适宜，这里是越南稻米的主要产地，也是东南亚著名的产米区之一，越南南方 60% ~ 70% 的农业人口集中于此。

拓展阅读

湄公河区域景观多样，包括山地、高原和石灰岩岩溶、低地、洪泛平原和三角洲、森林（常绿和半常绿、落叶、龙脑香、红树林和沼泽）和草地。水环境包括湍急的山间溪流和湖泊湿地，如柬埔寨的洞里萨湖。地理环境和气候带多样性支持了生物多样性，这里囊括了世界自然基金会（WWF）在全球划分的 200 个生态区中的 16 个，以及大约 2 万种植物、1300 种鱼类、1200 种鸟类、800 种爬行动物和两栖动物以及 430 种哺乳动物的栖息地。知名物种包括爪哇犀牛、伊洛瓦底海豚和湄公河巨型鲶鱼（现存最大的淡水鱼之一）。

目前，湄公河区域已被国际保护组织列为五大最受威胁的生物多样性热点地区。世界自然基金会指出，经济发展加速、人口增长和消费模式增加是主要原因，包括农业毁林、伐木和非法木材贸易、野生动物贸易、过度捕捞、水坝和道路建设以及采矿等。此外，该地区特别容易受到全球气候变化的影响。

湄公河三角洲

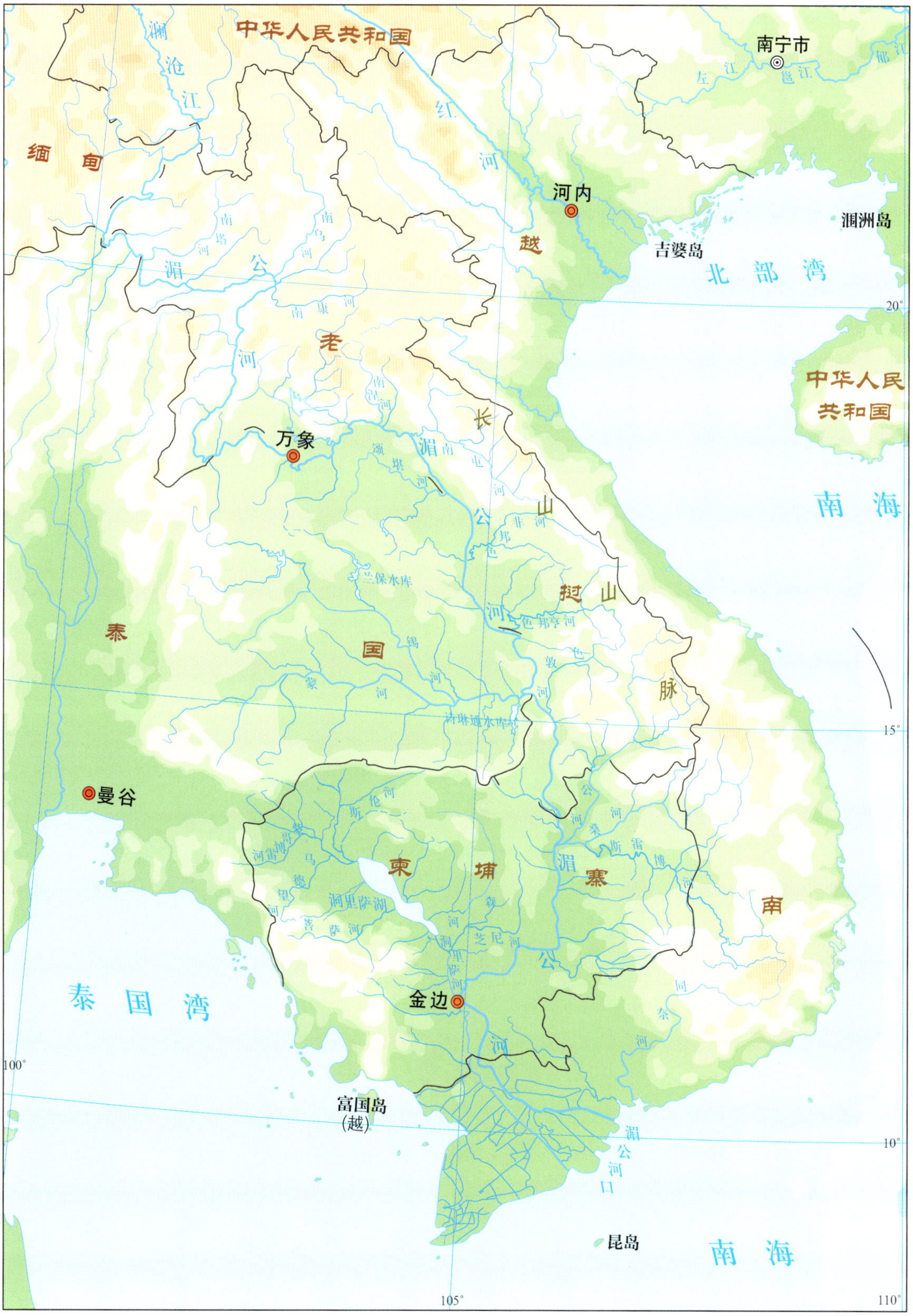
中华人民共和国
南宁市
澜沧江
红河
缅甸
河内
涠洲岛
吉婆岛
北部湾
越
老
挝
湄公河
万象
中华人民
共和国
南海
长山山脉
泰
国
曼谷
柬
埔
寨
金边
南
泰国湾
富国岛
(越)
湄公河口
昆岛
南海
20°
15°
10°
100°
105°
110°

湄公河流域水系格局图

扎青乡的牧民沿水而居。

3 多样的地理、生态与文化

沿着澜沧江流域，你会发现险峻的高山、千姿百态的湖泊和森林，以及丰富多样的动植物种类。正是在西南季风的吹拂和板块运动的塑造下，澜沧江流域地区形成了独特的地理、气候、地质、生态特点。澜沧江也承载着深厚的文化传统，各个民族以其独特的语言、习俗和文化为这片土地增添了一道绚丽的风景。

由于缺乏系统性的调查和信息共享平台，澜沧江—湄公河的物种数量和部分物种的生存状况仍存在不确定性。因此，开展更多的调查研究和建立信息平台，能够更好地了解、保护和管理澜沧江流域的生物多样性。

地形、地质与气候

澜沧江流域自北向南呈条带状，河源、上游和下游比较宽阔，中游则比较狭窄。流域的平均宽度约 80 千米，流域内地形起伏剧烈。上源北部和长江上游的通天河相邻，西部和怒江的分水岭为怒山，最高海拔为 6740 米（梅里雪山卡瓦格博峰）；东部与金沙江和红河的分水岭为宁静山、云岭、无量山。河源及上游河道流经青藏高原，海拔为 4000 ~ 4500 米，区域内除了高大险峻的雪峰外，其余山体山势平缓，河谷也较平浅。中游位于高山峡谷区，河谷深切于横断山脉之间，山峰高出水面 3000 多米，河谷比较狭窄，河床坡度大，形成陡峻的坡状地形。下游分水岭显著降低，海拔一般在 2500 米以下，地势趋平缓，河道呈束放状，出中国国境后河道比较开阔平缓。

澜沧江流域由北向南纵跨纬度 13°，跨越几个气候带，且地势起伏变化大，因此流域内气候差异很明显，气温及降水量一般由北向南递增，但是随着海拔增高，气温降低，降水量会减少。

澜沧江流域受到西南季风气候影响，干、湿两季分明，一般 5—10 月为湿季，11 月至次年 4 月为干季，约 85% 以上的降水量集中在湿季，而又以 6—8 月最为集中，这 3 个月的降水量占全年降水量的 60% 以上。暴雨多发生在 7 月和 8 月。上游暴雨较少，中游暴雨强度较大，是流域的主要暴雨区。

澜沧江—湄公河流域地质上属于特提斯—喜马拉雅构造域，是古特提斯洋域分布的主体地带。这一地区在漫长的地质演变过程中，经过了错综复杂的地质

芒康盐井

构造活动，由东印支板块、昌都—兰坪—思茅—南邦中间板块、毛淡棉—金边移动板块焊接而成。由此可以看出，澜沧江流域的地质结构非常破碎，地质活动也很活跃。这样的地质特点既孕育了丰富的矿产资源，同时也埋下了大量地质灾害的隐患。

在板块构造的历史变迁中，整个流域区内发生了很多次岩浆活动，形成了多种类型的自西向东分布的岩浆构造带。这些岩浆构造带中有4条经过我国境内。

以上地质活动的发生、发展是流域区成矿带形成的基础。据不完全统计，流域区已发现有用矿种100余种，已知矿床、矿点893处，其中以锡、铜、铅、锌、锑为主的有色（含稀有、稀土）金属矿产地数量最多。全部矿产地中，澜沧江流域矿产地588处，其中青海、西藏、云南境内流域地区分别有51、115和422处；湄公河流域有305处矿产。以上数据仅是目前为止在澜沧江—湄公河流域地区进行矿产资源勘察的部分结果。

自1969年至2012年，澜沧江流域一共发生里氏4级以上地震155次；其中6级以上的地震发生6次，全部发生在云南省境内。未发生过7级以上地震。这一地区也是中国西南滑坡泥石流灾害较为严重的地区，滑坡泥石流灾害分布广、发生频繁。全区的滑坡泥石流风险呈现由北到南、自西向东渐少的趋势，这也反映了地势高差和活动性断裂构造对全区滑坡泥石流危险性的控制作用。流域内60.86%的面积存在不同程度的侵蚀，特别是中上游海拔3000米以上、坡度15°～35°的区域内土壤侵蚀活动剧烈，使这里成为泥石流等地质灾害防治的重点区域。

澜沧江流域矿产地

青　海 > 51处

西　藏 > 115处

云　南 > 422处

芒康千年古盐井

生物多样性与生态系统价值

澜沧江—湄公河流域生物多样性丰富，是很多动植物类群的分布和多样性中心，也是重要的物种扩散、交流和迁徙通道。在国家保护物种中，澜沧江流域内有植物346种，两栖类动物10种，爬行类动物10种，鸟类47种，哺乳动物105种。澜沧江流域内另有不在国家保护动物物种中的土著鱼类152种，还分布着大量的极小物种。由于其丰富的生物多样性，澜沧江—湄公河流域被列入世界自然基金会发起的全球生物多样性优先保护的区域名单。但由于缺乏系统性的调查和信息分享平台，目前对物种数和绝大多数物种的生存状况还不十分清楚。

羽叶点地梅

1. 植物

横断山区的澜沧江河谷为南北向，便于南、北植物的交流，热带植物上升和温带植物下降都在这里长期连续地进行着。加上西南季风及东南季风的双重影响以及地质历史上的各类事件，使得这片有限的区域内几乎拥有了北半球的各类植物区系成分，既是世界高山植物区系最丰富的区域，同时也与热带区域甚至是南半球的植物有着千丝万缕的联系。经查询中国数字植物标本馆，整个澜沧江流域分布着超过7000种的高等植物，其中包括中国特有种5079种。由于澜沧江流域开展过系统的植物多样性本底调查的地区很少，而历年来的标本采集也未能覆盖整个流域，所以依据标本信息得到的物种数量会低于实际值。

红花绿绒蒿

在整理重要植物名录的过程中，山水自然保护中心发现澜沧江流域的濒危和具有重要价值的植物物种从未被全面而细致地整理过。以往的名录都只是区域性的（如云南省），并未涵盖整个流域，并且在区域内也没有覆盖全部的重要物种。目前已知流域内有重要保护植物 346 种，其中国家一级保护植物 11 种，如云南红豆杉、望天树、桫椤等；国家二级保护植物 40 种，如红花绿绒蒿、羽叶点地梅、鹅掌楸、四数木等；世界自然保护联盟（IUCN）评价极危植物 19 种，濒危 81 种。346 种重要保护植物中有 216 种为中国特有，其中 43 种具有保护等级。然而，因为基础信息的匮乏和受关注的程度不同（例如裸子植物好于被子植物，有经济价值的乔木好于其他物种），这些数据并不能很好地反映濒危物种的受威胁情况，更不用说制订保护对策。以兰科为例，这个科包含了大量高度依赖生境的特有种，受威胁的方式各不相同。濒危野生动植物种国际贸易公约（CITES）的处理方式是将兰科几乎所有的物种列入附录，但我们仍然不知道能够为保护某种特定的兰花做些什么。

澜沧江流域的植物物种丰度格局与海拔高度、地形和气候类型密切相关，受到干扰和威胁的方式也各有不同。澜沧江源区的植被以高山草甸和灌丛为主，物种数很少，没有极小种群植物，受到的威胁主要是放牧和气候变化导致的群落结构改变。上中游的高山峡谷区植被主要是干旱河谷灌丛、亚高山针叶林和高山草甸、灌丛，物种多样性水平也不高。但由于地理隔离，产生了很多狭域分布的特有种，如杜鹃花属、马先蒿属等。这些物种对生境的要求很严格，在全球变暖的背景下可能向更高海拔迁移，甚至因为生境改变而消逝。

随着人口密度的增加，人类对植物资源的需求逐

澜沧江流域保护植物

保护等级
> 约 346 种 / 重要保护植物
> 11 种 / 国家一级保护植物
> 40 种 / 国家二级保护植物

濒危等级
> 19 种 / 极危植物
> 81 种 / 濒危

扎青乡的草原

渐成为威胁物种多样性的主要因素。澜沧江中下游地区是其全流域植物物种丰度最高的区域，但原生植被已经极度破碎化。一些物种仅剩不稳定的小种群甚至零星植株。因此，澜沧江流域植物物种保护的需求主要集中于中下游地区。

2. 鱼类

澜沧裂腹鱼

前腹裸裂尻鱼

澜沧江—湄公河水系是世界上最重要的淡水鱼类生态区域之一，整个流域已知鱼类多达1700多种。从全球来看，只有亚马孙河和刚果河的鱼类数量超过此地。淡水生物是湄公河流域人民生计和经济的最主要来源。世界自然保护联盟（IUCN）及其合作伙伴对东南亚生物多样性热点地区（其中包括了湄公河流域的一部分）已知的2515种淡水生物进行了评估，结果表明13%的物种面临灭绝的危险。其中，濒危的鱼类大多分布在湄公河和昭披耶河的中下游地区。在整个澜沧江—湄公河水系的水生生物中，中国境内澜沧江流域所占的比重很小，目前对这一地区的鱼类多样性调查还很不充分。

澜沧江流域内共记录土著鱼类152种（亚种），没有长距离河海洄游鱼类。在分类系统上，隶属于6目17科78属。鲤形目113种，占澜沧江流域物种数的74.3%；其次是鲇形目28种，占澜沧江流域物种数的18.5%；其他4目数量很少，共有11种，仅占澜沧江流域物种数的7.2%。在统计数据中，澜沧江—湄公河特有种有60种，其中仅分布于中国境内的有34种，占澜沧江流域鱼类物种总数的22.4%；仅分布于澜沧江的鱼类有99种，占澜沧江流域鱼类物种总数的65.1%。下表为澜沧江流域鱼类特有种、中国特有种和受威胁物种的数量（目级单元）。

澜沧江流域鱼类特有种、中国特有种和受威胁物种的数量（目级单元）

目	澜沧江—湄公河特有种	澜沧江（中国）特有种	中国特有种	受威胁物种
				澜沧江流域
鲤形目	46	29	347*#	8△#
鲇形目	13	5	44*#	4△#
鲈形目	1		19*#	1△#
总计	60	34	410*#	13△#

注：* 数据引自陈灵芝（1993）；△数据引自乐佩琦等（1998）；# 数据引自汪松等（2004）。

澜沧江流域内的鱼类被列入《中国濒危动物红皮书（鱼类）》的鱼类有 13 种，占澜沧江流域鱼类物种总数的 8.6%，占我国受威胁鱼类总数的 7.6%，其中没有国家级保护动物。澜沧江流域受威胁鱼类中以鲤形目种类数量最多，有 8 种；鲇形目次之，有 4 种；鲈形目 1 种。

水利事业的发展，如修建大坝、疏浚航道等对鱼类的生境会造成极大影响，另外污染和生境丧失也同样威胁着该地区的水生生物。水体环境的改变对内陆淡水生物的影响巨大，这可能增加受威胁物种的数量，甚至可能导致一些物种灭绝。澜沧江流域的渔业并不发达，但极其有限的数据也表明过度捕捞对经济鱼类种群的影响开始凸现。总的来说，澜沧江流域鱼类多样性的信息相当匮乏，无法据此做出现状判断和保护建议。这种匮乏因即将到来且快速的人类发展而变得更加恶化。但鉴于一些大型洄游性鲇形目鱼类最近二十年来几乎没有捕获记录，且现在梯级电站开发已经使得干流上下游间的连通性消失，可以判定目前已经没有条件在中国境内实施针对这些栖息于干流的大型鱼类的保护措施。

然而，澜沧江流域支流中尤其西双版纳区域内较低海拔地区森林溪流或池沼中，中小型鱼类依然种类繁多，需要继续开展物种调查。而这些类群，也可能

澜沧江流域内的鱼类

鱼类 > 13
种 /《中国濒危动物红皮书（鱼类）》

> 8.6%
占澜沧江流域鱼类物种总数的

> 7.6%
占我国受威胁鱼类总数的

受益于水源林生态服务功能相关的保护，也应当是需要考虑的保护目标物种类群。

3. 两栖类

西藏山溪鲵

澜沧江流域有两栖类动物 70 多种，其中受保护的两栖类动物 10 种，包括国家二级保护动物大鲵和红瘰疣螈。世界自然保护联盟（IUCN）评价极危 1 种（大鲵），易危 3 种（西藏山溪鲵、景东齿蟾、微蹼铃蟾），近危 3 种（红瘰疣螈、哀牢髭蟾、疣刺齿蟾）。中国特有种共 15 种。

上述物种除西藏山溪鲵见于上游高海拔针叶林区外，其余物种均栖息于中山带至低山带的原生阔叶林中。上述所有物种均不同程度地依赖原始生境。在云南境内，近代大规模的山区开发已经造成了上述物种栖息地的大范围丧失和严重破碎化。而当地居民对一些大型蛙类的过度采集，也令髭蟾和齿蟾从很多适宜生境下消失。另外，区内对两栖动物的野外状况的普查、监测和分布信息更新尚不充分。而这些物种残留的栖息地，往往也是当地社区的水源林，上述物种有可能作为水源林保护评价的指示性生物。

4. 爬行类

巨蜥

澜沧江流域内有爬行动物 60 余种，其中受保护的物种 10 种，包括国家一级保护动物蟒蛇和巨蜥 2 种，国家二级保护动物凹甲陆龟、山瑞鳖、大壁虎 3 种。世界自然保护联盟（IUCN）评价濒危山瑞鳖、云南两头蛇 2 种，易危包括凹甲陆龟、方花小头蛇、高原蝮 3 种，近危包括蟒蛇等 2 种。其中 6 种为中国特有种。

上述物种中，除高原蝮外，全部分布在澜沧江中下游云南南部亚热带、热带地区，且多见于低海拔生境。上述物种的现状，尤其是中国特有种的现状缺乏数据更新。低海拔地区的大面积的热带经济作物种植使得上述亚热带、热带物种的栖息地严重丧失。而在云南省境内对所有这些物种的非法、过度采集，始终是上述物种生存的巨大威胁。

高原蝮

5. 鸟类

澜沧江流域共记录鸟类730种（另116亚种），占中国鸟类总数的51.1%，隶属62科（另4亚科）、19目。其中国家重点保护鸟类有47种，占该区鸟类物种的6.44%。国家一级重点保护种类为10种，如黑颈鹤、玉带海雕、白肩雕、斑尾榛鸡、黄喉雉鹑、绿尾虹雉、绿孔雀、金雕等。国家二级重点保护种类为29种，如大天鹅、疣鼻天鹅、雀鹰、蓝马鸡、灰鹤、蓑羽鹤等。被世界自然保护联盟（IUCN）红色物种名录列为极危等级的有1种，即黑兀鹫；近危或易危等级的有24种，包括秃鹫、斑尾榛鸡、藏鹀和黑颈鹤

白肩雕

大天鹅

等。被列入濒危野生动植物种国际贸易公约（CITES）附录 I 的鸟类有黑颈鹤和绿尾虹雉共 2 种，胡兀鹫和血雉等 6 种被列入 CITES 附录 II。这一区域内的鸟类特有种主要是分布于上游地区、生活在高海拔山地的种类，如蓝马鸡、绿尾虹雉、斑尾榛鸡、长尾林鸮、黑头噪鸦、黑额山噪鹛和藏鹀；而分布于云南的特有种数量很少，仅黄喉（靛冠）噪鹛 1 种。

分布于源区和上游地区的国家重点保护鸟类有黑颈鹤、玉带海雕、胡兀鹫、斑尾榛鸡、绿尾虹雉、蓝马鸡等。这些鸟类栖息于高海拔生境，如高原湿地、高寒草甸、高山针叶林中，数量较为丰富。而白尾稍虹雉虽然分布在高海拔，但由于地形和非法滥猎两方面的影响，其分布区异常狭窄，数量也很少。这一地区的中国特有种中，藏鹀、长尾林鸮、黑头噪鸦在区内分布狭窄而数量稀少，尤以藏鹀为甚。

分布于中下游的国家重点保护鸟类有绿孔雀、双角犀鸟、棕颈犀鸟、冠斑犀鸟和白喉犀鸟等。这些鸟类栖息于云南中部至南部的中低海拔生境中，曾经在适宜生境下广布且数量丰富，但由于低海拔地区的高

蓝马鸡

藏鹀

强度经济活动和持续的滥猎，数量已经非常稀少或已经局部灭绝，黑兀鹫几乎已经从区内灭绝。这一地区的中国特有种中，曾见于澜沧江中下游中等海拔成熟阔叶林的黄喉（靛冠）噪鹛已经超过半个世纪没有科学记录，也有局部灭绝的风险。其余国家重点保护鸟种，主要是猛禽和大型水禽，均为广布或常见种，在澜沧江流域多为冬候鸟或者旅鸟。

6. 哺乳类

澜沧江流域内有各类保护哺乳动物 105 种，其中重要保护哺乳动物 53 种，占全国哺乳类保护物种的 27%。其中，濒危物种多分布在上游的杂多县、巴青县，中游的兰坪白族普米族自治县、剑川县，以及下游的勐腊县、勐海县和景洪市；受威胁物种和国家一级、二级重点保护哺乳动物较均匀地分散于整个流域内。其中，国家一级重点保护种类为 20 种，如野牦牛、藏野驴、白唇鹿、藏羚、雪豹、滇金丝猴、灰叶猴、西黑冠长臂猿等；国家二级重点保护种类有 17 种，如林麝、棕熊、猞猁、藏原羚等。

保护物种中，藏野驴、藏羚、野牦牛、白唇鹿、雪豹等主要分布在澜沧江源头高寒草甸以及石山区，分布广、密度低，但数量依然可观，是生态系统的重要组成部分，对维持生物多样性发挥着重要的作用。羚牛、滇金丝猴等主要栖息于上游峡谷地区的高山针叶林中，主要受到栖息地狭窄和破碎化的影响。灰叶猴、黑长臂猿分布在澜沧江中下游的中低山原始阔叶林地，其栖息地在过去数十年中因各种经济活动而大量丧失，而残余的群体依然承受着很高的偷猎压力。无量山地区的黑长臂猿种群是这一物种在世界上残余的最后两个大群体之一。印支虎、

澜沧江流域哺乳动物

哺乳动物 > 105 种
> 53 种 / 重要保护哺乳动物
> 20 种 / 国家一级重点保护种类
> 17 种 / 国家二级重点保护种类

猞猁

白唇鹿

印度野牛、豚鹿和亚洲象分布在澜沧江下游的热带低地森林或者湿润的稀树生境下，这些物种曾经在分布区适宜生境下广布且数量丰富，但由于最近数十年人们对热带地区的高强度开发，它们丧失了绝大部分生境，并且承受着很大的捕猎压力，有些物种已有局部灭绝的迹象。上述保护物种中，除滇金丝猴、黑长臂猿、亚洲象和雪豹等少数物种外，针对其他物种的研究和专门保护项目都较为缺乏。

7. 极小种群植物和动物

澜沧江源区位于青藏高原面上，地理隔离少，物种多样性低，还没有发现极小种群的陆生动植物。在源区的数百个小型高原湖泊中可能生存着一些极小种群的特有水生生物物种，但迄今为止缺乏基本信息。现已查明的极小种群动植物主要分布于澜沧江中下游的云南省，特别是物种多样性水平较高的下游地区。

澜沧江流域已查明的极小种群植物共16种，其中被子植物15种，蕨类1种。国家一级保护植物3种，二级8种；世界自然保护联盟（IUCN）评价极危7种。有3种的植株数少于100。分布于保护区内的仅有8种。濒危原因主要为分布区狭窄、人为干扰严重、资源过度利用以及繁殖受到限制等。

澜沧江流域已查明的极小种群动物共35种，其中兽类19种，鸟类11种，爬行类2种，两栖类2种，昆虫1种，缺乏极小种群鱼类的信息。国家一级保护动物23种，二级5种；世界自然保护联盟（IUCN）评价极危7种。分布于自然保护区内的仅有28种。上述物种全部分布在云南省，濒危原因主要为分布区狭窄、人为干扰严重、资源过度利用以及繁殖受到限制等，濒危状况以云南中部至南部的物种为甚。

风貌迥异的民族聚落

与其他生灵一样，人类也在漫长的历史中或翻山越岭，或逐水上下，在澜沧江—湄公河流域来往迁徙、交流、定居。早在史前时代，这里就已经有丰富的人类活动遗迹，其中具有代表性的考古发现如源区下游的西藏昌都的卡若文化遗址。

澜沧江中上游的横断山脉正处于川、滇、藏三地的枢纽位置，是非常重要的少数民族聚居区和交通要道，共有 20 多个少数民族生活在澜沧江畔。源区和上游是藏族聚居区，人口中 90% 以上是藏族，其余还有回族、撒拉族、蒙古族等；在滇西北还生活着 10 万藏族同胞，他们和其他地区的藏族居民虽然保持着相同的宗教信仰，但在生活方式、文化特征上已有很大的差异。从青藏高原南下进入云南省，澜沧江流域内居住着彝族、白族、哈尼族、傣族等 20 多个少数民族，在地州级行政区划中半数为少数民族区域自治州，比如迪庆藏族自治州、大理白族自治州、西双版纳傣族自治州。这里的“茶马古道”在过去还承担着汉文化、藏文化、纳西文化、傈僳文化等多民族文化交会交融的重担。

横断山区的“藏彝走廊”，在历史上不仅是藏族、彝族沟通交流的枢纽，也是汉、回、蒙古等民族南来北往的通道。此外，澜沧江流域还生活着白族、哈尼族、傣族、普米族、德昂族、佤族、布朗族、壮族、苗族和瑶族等少数民族。各民族散居于澜沧江流域周边，流传着关于澜沧江的传说，比如白族起源于女始祖与澜沧江黄龙神感生十子，景洪的傣族称澜沧江为

拓展阅读

茶马古道是中国对外交流的第五条通道，同海上之道、西域之道、南方丝绸之路、唐蕃“麝香丝绸之路”有着同样的历史价值和地位。狭义的茶马古道指的是起源于今天的云南、四川等传统茶叶产区，在传统的茶叶贸易中用马帮等载体运输茶叶到藏族地区和其他传统茶叶市场，以换取藏族地区的皮毛等产品的交通运输线。除了云南、四川、西藏三省区之外，它的范围还可进一步延伸到青海、甘肃等省区。随着唐朝之际茶叶传入藏族地区并成为藏族人民生活中的必需品，以茶叶为载体的藏族地区与茶叶产区的商贸往来日趋发达，逐步形成了从茶叶产地到藏族地区的茶叶商贸之路。

从青海省的唐古拉山脉出发，沿澜沧江一路南下，经过西藏的曲孜卡，抵达云南的德钦，然后直下维西，经由西双版纳进入缅甸和老挝。而产自澜沧江下游的滇茶，则需要马帮驮运一路北上，从临沧、普洱等地逆流而上至丽江、香格里拉，然后经由德钦进入青海、西藏牧区，甚至远行至尼泊尔、印度。

澜沧江流域独特的民族服饰

龙女神并年年祭祀，基诺族的阿嫫阿祖从水中浮生并创造了包括澜沧江在内的山川河流及后人。此外，他们还根据河谷山地的不同特点，发展出坝区河谷灌溉稻作农业、山地梯田灌溉农业、山地轮歇农业等各种传统生计模式。

澜沧江出境后，被称作“湄公河”，中南半岛众多民族在大湄公河区域生活了4000多年，与自然环境形成了独特的传统经济、文化关系，包括湄公河上游地区的克伦人、苗人和汉藏人，以及湄公河下游流域的高棉人、占人、泰人、孟人和越南人。据不完全统计，目前整个澜沧江—湄公河流域共有90多个民族沿河而居。

不同语言中的湄公河被赋予了不同的名称。在老挝和泰国，湄公河被称为“湄南公”Mae Nam Khong，意为“河流母亲”，老挝全境和泰国东半部的河流几乎都注入湄公河；在柬埔寨高棉语和越南语中，湄公

拓展阅读

“藏彝走廊”是费孝通先生提出的一个民族区域概念，主要指川、滇西部及藏东横断山脉高山峡谷区域。因有怒江、澜沧江、金沙江、雅砻江、大渡河、岷江6条大江自北向南流过，形成若干南北走向的天然河谷通道，故这里自古以来就是众多民族南来北往、频繁迁徙流动的场所，也是沟通西北与西南民族的重要通道。此外，藏彝走廊还是藏缅语民族活动的主要舞台，呈“南藏北彝”的格局，主体民族包括藏语支、彝语支和羌语支，民族种类繁多，支系复杂。由于独特的高山峡谷环境，“藏彝走廊”不仅成为一条特殊的历史文化沉积带，保留着大量古老的历史遗留，其民族文化现象也具有突出的多样性和复杂性，是一个独具价值的民族区域。

在湄公河捕鱼

河一称被认为来源于“湄南河”，而越南下游的湄公河三角洲因其散流形态又被称为“九龙江三角洲”。此外，在中南半岛诸国民间流传有很多关于湄公河的神话故事，比如传说湄公河底生活着半人半蛇的水神那迦，每年十月末，泰国廊开府的湄公河上会升起大大小小的红色火球，这种现象据说与那迦神相关。从自然地理到语言文化，“河流母亲”湄公河与流域内的各国人民相互塑造着彼此，也成就着彼此。

从青藏高原到大横断区域再到中南半岛，澜沧江—湄公河及其支流开枝散叶，尽管有时候作为边界把一些民族或国家分开，但实际上却连接起整个流域，纳入成千上万的人口在其中繁衍生息。沿途6个国家不仅有历史上难舍难分的情谊，更有现实中互惠互利的友情。而作为河流源头的中国，也一直致力于同整个河流流域的人民建立深厚的兄弟情谊，实现合作共赢和共同发展。前人“澜沧湄功（公）一瓢饮，六国同饮一江水”的诗句，正是对中国同湄公河流域其他5国人民友好情谊的真实写照。

中南半岛聚落民族

第二章 寻源澜沧江

1 从“无源之水”说起

2 独一无二的澜沧风景

3 鲜为人知的江源人文

4 传承与守护

“源”对于中华文明而言，有特殊的意义，中华民族从未停止对大江大河的溯源。澜沧江的源头不仅是自然地理层面的起点，也是民族文化的汇聚点，因而寻找澜沧江的源头，不仅是探索它的地理源头，也是在寻觅文化源头。

三江源国家公园内的澜沧江源园区涉及了杂多县的莫云、查旦、扎青、阿多和昂赛 5 个乡，是青藏高原的腹地。一条条涓流从这里的高山冰川、湿地等水源地流出，最终汇聚成了浩浩荡荡一路向南的澜沧江。

这里孕育了怎样的生物多样性？又诞生了怎样的风土人情？让我们共同踏上寻找自然奥秘和文明根源之旅。

澜沧江地理源头——吉富山，位于青海省玉树藏族自治州西南部杂多县扎青乡。

1 从“无源之水”说起

澜沧江的源头隐藏在青藏高原深处。这个神秘又神圣的地方，吸引着无数研究者和自然爱好者前来寻找。追溯澜沧江的源头，不仅是为了满足人类的好奇心和探险精神，更是为了了解这条壮阔河流的起点和河流生态的形成。然而，寻找澜沧江的源头并非易事，源区地势陡峭、气候恶劣、交通困难，研究者们需要克服种种困难和挑战。

至今，澜沧江的源头仍有争议，古老而美丽的“众神之河”成为了令人遗憾的“无源之水”。澜沧江的源头到底有哪些说法？又是怎样的气候条件塑造了神秘的澜沧江源头？

从未止步的溯源历程

1. 澜沧江源区地理地质特点

从 2 亿多年前开始，印度板块不断向北挤压欧亚板块，昆仑山、可可西里、羌塘地区先后成陆，深藏在古特提斯洋下的青藏高原地区也逐渐抬升成型。在新近纪经历了一次最为猛烈的隆升后，平均海拔上升至 4000 米以上并延续至今，成为当之无愧的“世界屋脊”。

上亿年的板块冲撞之下，青藏高原北部形成了一系列东西走向的地质构造，在昆仑山脉东段和唐古拉山脉之间隆起为青海高原，平均海拔 4000 米以上，成为我国地势第一阶梯的腹心部分。青海高原地势自西向东倾斜，冰峰雪山、平坦山原、滩地河谷、高山深峡依次排布，正是从这里开始，长江、黄河、澜沧江一路汇集涓涓细流又逐渐分道扬镳，在亚洲东部和南部的大陆上奔流万里入海。

高大的巴颜喀拉山成为黄河与长江的分水岭，黄河从群山环绕的高原低山丘陵和湖盆河谷间流出，形成相对平坦的沼泽草甸和湿地大湖的河源风景；长江则源于昆仑山脉东段和唐古拉山脉的冰川积雪融水，除了南、北、中三条源流外，河源区广布现代冰川和湖泊沼泽，河道宽阔，支流众多；而三条江河中最不为人知的澜沧江，则与长江水系中的当曲和莫曲共同发源于杂多县西部，河源区遍布纵横的细流和密织的河网，从高耸的群山和深切峡谷中隐秘而出。

昂赛乡年都村澜沧江沿江地貌

从扎曲和昂曲的交会处至源头处是澜沧江河源及上游，该交汇处位于西藏自治区昌都市以北不远处，区域内包括青海省玉树藏族自治州的杂多县和囊谦县，根据青海省水利部门界定，江源区指杂多县城以上的流域。2016 年，三江源国家公园体制试点启动；2021 年国务院批复同意正式设立三江源国家公园。其中，澜沧江源园区位于玉树藏族自治州杂多县境内，园区内景观以高原峡谷为主，重点保护澜沧江源头生态系统和旗舰种雪豹等野生动物。园区在空间上覆盖了原三江源国家级自然保护区果宗木查和昂赛 2 个保护分区及其连通区域，面积达 1.21 万平方千米。此外，园区下游的囊谦县境内，另有三江源国家级自然保护区的白扎分区，重点保护森灌动物和其栖息生境。

澜沧江源区山岭分布整体呈羽状，地势由唐古拉

三江源国家公园试点 / 保护区示意图

澜沧江源头所在地扎青乡的石山裸岩

山脉次级山岭扎那日根山向东侧逐渐降低，该山岭是长江水系和澜沧江水系的分水岭。自西北向东南，河流从冰川雪山到湿地湖沼渐次汇集，将地貌从低矮丘陵高原切割为高原宽谷，进而成为高山狭谷，间有少量河谷盆地。整个区域内群山耸立，巍峨高峻，多数山峰孤立分布，山顶和山脚的高差达 300 ~ 500 米，山下则为河流和草原。

2. 源头之争

对于黄河和长江的源头探索始于战国时期，无论是在《尚书·禹贡》中的记载，还是唐代时期对吐蕃区域的描述，以及元明清时期对河源的考察，在滔滔长河下游土地上生息的人们对河流从何处来充满了好奇，而在这两条大河流域崛起的众多政权，也在不断探索和记录着各自对河流的了解。然而，与长江发源于同一片区域的澜沧江，从青藏高原急转向南奔入狭窄的峡谷群山，又一路穿过中南半岛入海，流域内分布着起起落落的部落与族群，他们对澜沧江的认知被零散地书写在历史中，从近代开始才有正式探源活动的记载。

三江探源的不同境况，不仅缘于流域内社会经济方面的差异，还有地理上的原因。黄河源区所在的松潘甘孜地块和长江源所在的羌塘地块（均为南亚板块和亚欧大陆互动形成的地质构造地块）分别是古老的陆相沉积盆地和较为晚近形成的海相沉积台地。由于地理位置的因素，区域内气候较为干燥，而在第四纪也没有受到大陆性冰盖的侵蚀，因此得以保存了青藏高原上最为完整的高原夷平面。黄河源区内地势相对起伏不大，空间开阔，自然也便于人对水流走向的观察与追溯。

相比之下，澜沧江源区所处的冈底斯地块，是南亚板块和亚欧大陆互动形成的地质构造地块之一，经历过漫长的海底沉积阶段，孕育了大片的红砂岩，这种岩石非常容易被风和水等外力侵蚀。澜沧江源区支流众多，千沟万壑，从杂多县城的扎曲往上游走，循着汇集一处的支流回溯，会发现这些支流可达400余条，它们从遥远的群山中流出。在尚未发明卫星遥感技术的年代，仅靠脚步无法一一丈量和验证它们从何而来。

国内关于澜沧江源头最早的记录始于民国初期。1914年，甘肃人周希武在深入青海玉树地区考察后，撰写了著名的《玉树调查记》，书中简要记述了澜沧江的源头及周围的水文情况，“澜沧江上流有二源：北曰杂曲河、南曰鄂穆曲河。”

在《玉树调查记》中，关于澜沧江上游部分是这样被详细记录下来的：

澜沧江上流有二源：北曰杂曲河、南曰鄂穆曲河。

杂曲河发源格吉西北境果瓦那沙拉山麓，有南北

澜沧江源头第一乡——扎青乡地貌景观。一座座雪山的夏季融水汇入澜沧江中，使其水势磅礴。

二源：南源曰杂那云，北源曰杂尕云。二水东流，至扎西拉贺寺之西相合，名杂尕拉松多。番人谓两水之交曰松多。杂尕拉水东南流，至阿杂松多，阿云水自西南来入之，阿云水出中坝当拉岭之东麓，二源并发合流，东北注至阿苏松多，苏旺云水自西来入之；阿云水又东北流，至阿杂松多与杂尕拉水相会，是为杂曲河。东南流，右受可儿衮云、加戎云二水，又东南至杂蒲多，蒲儿曲水自北来入之；水出子让公喀地方，南流，西受腊梅郎水，东受然知云水，又南流，至杂蒲松多，入杂曲河。瓦里郎水自南来入之，又东流经儿鲁寺、作庆寺之南，有渡口，名泗欠惹瓜。左受六水，右受一水；又东，勃弱水自北来入之，勃弱水出子叩勒马尕拉山，东南流，至巴乜寺，借鲁云水自东北来入之；又东南流，至勃弱松多，沙庆水自东北来入之；折南流，入杂曲河。又东南流，庆摸云水自东北来入之；尕尼云水自西南来入之；又东南流，群摸水自东北来入之；又东流，班木云水自西南来入之；又东入囊谦境，倒泽云水自南来入之；折东北流，多各觉水自北来入之；又东流，经达朗喀庄北，又东，果鲁云水自南来入之；又东，入觉拉寺境，年曲水自西北来入之；水出囊谦西北境奢乃拉山东麓，左右各受一水；东南流。至尼牙寺，左右又各受一水；又东南流，至觉拉寺西，入杂曲河。又东流经觉拉寺南，又东南流，左受三水，右受三水；又东南，顾且云与觉云水合流，自东北来注之；又东经尕衮云地方南，右受一水；又东，仍入囊谦境，喀拉陇水自东北来入之；又东南流，至坎达庄西，龙光硖水自东北来入之；又东南，雪龙水自西来入之……又东，经苏尔莽境出界，至昌都之达赖喀庄左，合子曲河，又南流，至昌都，与鄂穆曲河合，是为澜沧江。

国外对澜沧江源头的探索始于1866年，6位法国探险家为寻澜沧江源头，从炎热潮湿的越南的沼泽地开始，历时两年，跨越了近4000千米的旅程登上高原。但据当时的描述，他们最后被众多水源和恶劣的天气弄得晕头转向、茫无头绪，只能无功而返……19世纪中期到20世纪末期，法国国家地理学会、美国国家地理学会和英国皇家地理学会等国际著名机构，先后派遣或资助了10余支类似的探险考察队，相关记载中至少有13次探源考察，但没有一次成功。

法国探险家米歇尔·佩塞尔曾于1994年考察杂多县澜沧江源区。根据他的考察，扎那曲的支流——扎加曲的源头，一个被他称为“鲁布萨”的山口是源头，这一结果通过英国皇家地理学会和报纸公布出来。但之后学术界的几次探测考察都证明无论是从河流的长度还是河流流量、流域面积来看，扎那曲都不能算是澜沧江正源。

1999年6月，一支由中国科学院地理所关志华研究员和周长进研究员带领的中国科学探险学会考察队进入澜沧江源进行考察，这支由18名专家组成的考察队认定扎阿曲为澜沧江正源，而扎阿曲的上源为拉赛贡玛曲，发源于杂多县扎青乡的果宗木查山。

同年6月，来自中国科学院遥感应用研究所的科学家刘少创博士也到达杂多县，进行实地考察。他公布的澜沧江源头是吉富山的“谷涌”，并于2002年9月再次考察了吉富山。他确定大河源头的方法分为两步：一是利用卫星遥感图像对照地形图进行几何纠正，然后用遥感图像处理软件中的长度量测工具进行河长量算；二是到每条大河的源头地区进行实地考察，再根据“河源唯远”“四季有水”等原则确定源头的准确位置。

三江源头科学考察队于2008年在澜沧江地理源头吉富山留下的“人类印迹”。

澜沧江地理源头

地理坐标 > 94°40′51″ 东经
33°45′46″ 北纬

海拔高度 > 5177 米

2008 年 9 月至 10 月，青海省人民政府组织开展了三江源头科考活动，来自中国科学院、武汉大学、原青海省测绘局、青海省煤炭地质局、青海师范大学、青海气象局以及新华社、中央电视台、青海电视台等 15 家单位的 46 名科考队员历经 41 天，对长江、黄河、澜沧江的 19 个源头进行了地质、水文、气象、土壤等学科的综合考察，这是历史上规模最大、学科门类最齐全、技术最先进、手段最完备、阵容最强大的一次三江源头科学考察。9 月 20 日，新华社发通稿称，这支中国科学考察队顺利完成了以确定澜沧江—湄公河源头地理位置为目标的综合考察，并在其源区数条重要支流的源头位置设立了地理标志。

这一次，科考队认定扎阿曲为澜沧江的地理源头，扎阿曲上源为郭涌曲，发源于青海省玉树藏族自治州杂多县扎青乡吉富山下，地理坐标为东经 94°40′51″，北纬 33°45′46″，海拔高度 5177 米。扎阿曲在尕纳松多与扎那曲汇合，以尕纳松多为起算点，扎阿曲长度为 96.07 千米，流域面积 0.25 万平方千米。（2014 年，在杂多县组织的澜沧江源科考活动中，刘少创带领的地理源头溯源团队确定的源头地理信息为北纬 33°45′48″，东经 94°40′52″，海拔 5200 米，与 2008 年测得的源头信息相差无几。）

以尕纳松多为起算点，扎那曲长度为 93.11 千米，流域面积为 0.19 万平方千米。在尕纳松多汇合点，测量当日扎阿曲流量为 66.67 立方米 / 秒，扎那曲流量为 42.20 立方米 / 秒。而前文提及的中国科学探险学会考察队确定的扎阿曲的另一条源头支流拉赛贡玛曲的长度为 94.70 千米，比科考队认定的郭涌曲短了 1.36 千米。这短短的 1.36 千米，对于澜沧江—湄公河的 4000 多千米总长来说不值一提，但对源头的确认更近了一步。

扎那曲水资源

长　度 > 93.11 千米

流域面积 > 0.19 万平方千米

当日流量 > 42.20 立方米 / 秒

源区流水，正是一处处这样的涓涓细流汇聚成了奔腾东南亚的澜沧江。

3. 理解河源

究竟哪里会是一条大河的源头？很多人都曾因此而好奇，不管他们生活在什么地域，或者处于什么年代，这种对于探寻源头的渴望从未消逝。了解那些壮阔波澜的大河的历史，也是了解人们上下追索的历史。进入现代，科学和技术的进步，使测量一条河流变得更加精确和便捷。相应地，科学家们也获得了更多的答案，每一个答案都更加接近真相。

如今，我们大多数时候以地理学的方式解读河流，它由很多要素组成，其中一个就是长度。河长指河源到河口的以河流中线量计的距离，除需精准确认河源和河口的位置外，河长的测量还取决于所依据的数据源和测量技术。以前，确定河流长度是在地形图上，用曲线计或两脚规量取，这种方式的精确度可能会受地图比例尺的影响。而现在，可利用具有长度测量功能的遥感图像处理系统，对高分辨遥感影像进行测量。

而源头的确定也并不容易，早年受制于技术和交通，人们很难对如根系般的河源水流进行一一回溯，现代科学家则可以借助卫星图像，手持导航定位仪器，坐着汽车抵达最接近源头的位置，再到河源尽头进行定位。

源区流水侵蚀岩石留下的黑色印记，这些黑色条纹状和块状斑块记录了流水在岩石上“走过的路”。

但即便如此，由于每一条河流永远处于变化之中，对于这些“点”和“线”的数据的追求，或许永远只能是人类为自己写出的答案。理解一条河流，就应该去实地感受，而不仅是受制于科学的精准。

从河源区开始，我们可以尝试感受这条河流是怎样形成的。或许，是常年丰沛的雨水，点点滴滴从山坡上汇成涓涓细流，由细流继而汇集成为更大的河流，形成坡面围成的山谷型河流；或许，是一片低平和缓的沼泽，柔软的薹草塔头间散落着闪亮的水洼，水洼的连片成为条状，就形成了沼泽型河流；或许，是被夏季阳光照射的冰川，慢慢融化成水，汇集成河，就形成了冰川作为源头的河流；又或许，是汩汩涌出的清泉，缓缓流淌汇集，形成了泉水作为源头的河流。

奔流的过程中，河流中段可能因时令变化，或漫漶四溢，或侵蚀夺道，或枯竭消失，长度、流量、中线随时都在变化。于是，不同的河流与不同的地表相互作用，也逐渐塑造着彼此，或是日趋平坦的冲积平原，沉积着细腻的泥沙；或是逐渐深切的峡谷，岩石被流水片片剥离；或是一跃而下的瀑布，细腻的雾气滋养着周围的草木。而当河流汇入其他水系时，可能形成宽广渺茫、不分彼此的河口，无法辨别哪里是原有河流的结束，哪里又是新的河流的开始。

我们平时在纸质地图上所见的河流，一般都是二维的。真实的河流是有“厚度”的，可能在短短几千米的流程内，就有几百米的高程变化，而河流就从这些沟壑坑洼间呼啸而过，就像是一个有生命的“体”，而不是一条平面曲线。

实际上，河流的源头如果不是找“点”，而是划“区”，或许更为合理。这样看来，当地人对河源的认识也应该成为一种理解河流的方式。他们看到了每年都在变化的冰川、雨水和清泉，了解到河流是从“一滴水”开始，但不是“第一滴水”，而是“每一滴水”，因此无须去辨别是“哪一滴水”。如果这里的风景是优美而独特的，这里发生的事是生动而特别的，这里生息的人是善良而慈悲的，或许这里就可以被视作所有人心目中的源头和源头区。

目前，澜沧江源仍然尚未正式定源，不仅是因为千万源流因其无止的变化促使科学不断调整和定义“源头”的内涵，同时，也因为孕育于本土的价值观开始与科学持续碰撞和对话，以多样的视角共同探索“源头”的所在，为理解澜沧江源留出了更多的可能性。

澜沧江源头第一乡——扎青乡

4. 文化源头与自然圣境

几千年来，在广阔的三江源地区，牧民们日复一日地游牧生息，与自然长期相处。当下游的人们尚未将目光转向源头之时，牧民们已经认识到，洁净的水源不仅滋养着草原森林和鸟兽生灵，也在全流域的生产生活中占据至关重要的地位，从上游至下游，所有的居民都深深依赖着这生命之水。因此，在当地人心目中，水源是纯净而殊胜的，一定要被保护和赞颂起来。

关于澜沧江的源头，当地人已经以口头或书写的方式，将其作为本地山水文化梳理和记录了下来。扎曲自尕纳松多以上分为两支，一支为扎阿曲，自北方的扎青群山间流出，一支为扎那曲，自南方的莫云滩地中流出，在此之上，它们作为扎曲水量最大、长度最远的两条支流，也形成了两种源头的说法。

其中，扎那曲源头叫作杂那霍霍珠地，又称“龙山”，这座山被喻为一条吉祥的银龙，又似突出宝珠，此外唐蕃古道也经过此地。更为人所知的是“扎西曲瓦”，意为“吉祥旋水”，位于扎青乡境内，这是一处翻涌了数百年的泉眼，形成了一片百余平方米的湖泊，掩藏在纷乱纵横的溪流、沼泽之中。

澜沧江源区水系示意图

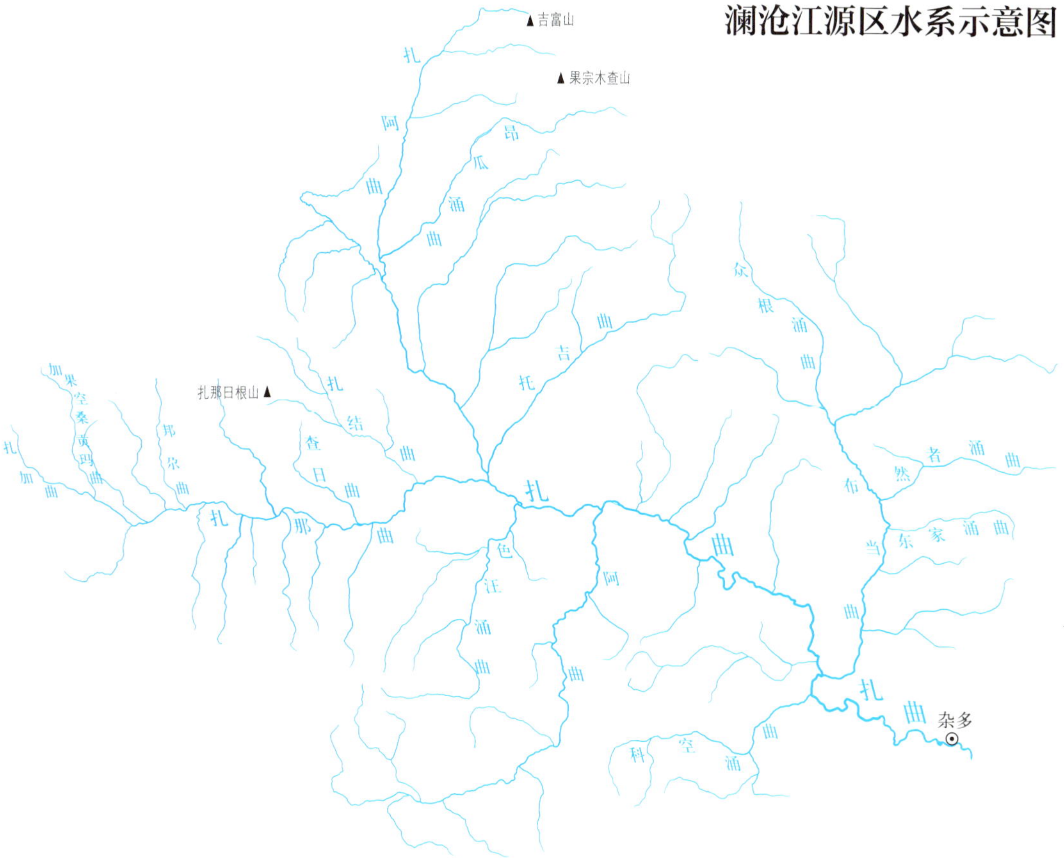

扎西曲瓦的小溪与扎阿曲汇合处以上，被称为“郭涌曲”。在叫作野永松多的汇合处以上，从左边流来的一条叫“高地扑”，源自北面的吉富山，从右边流来的一条叫“高山谷西”，源自南面的果宗木查山，这两处均是后来科考探察后认定的不同源头。

2014年，在杂多县组织的“溯源澜沧江——中国（杂多）澜沧江源综合科考”活动中，科考队首次认定，澜沧江文化源头为藏语“扎西曲瓦”的泉水区；而澜沧江的地理源头，则位于青海省杂多县境内的吉富山。两支科考队的带队专家一致认为，澜沧江的“文化源头”和“地理源头”可同时存在，二者并无矛盾。7月9日，国家基础地理信息中心高级工程师张江齐带领科考队追溯至此，并通过手持定位装置确定文化源头的地理信息为：北纬33°34′13.0″，东经94°18′13.9″，海拔4658米。

事实上，扎西曲瓦可被看作“自然圣境”。自然圣境泛指由原住民和当地人公认的赋有精神和信仰文化意义的自然地域，以传统文化为依托，以保护自然生态系统中的动植物及其生态服务功能为目的。实际上，就全球而言，由本土居民进行的土地和水资源保护和管理自古以来就存在。然而，直到最近几十年，它们才通过正式的标签、指定和安置得到各国和全球保护工作的承认。据保守估计，原住居民社区保护地全球覆盖范围与各国政府的保护区相当，即约占地球陆地表面积的13%。全球有4亿～8亿公顷森林由社区拥有或管理，同时其他生态系统中的土地和资源也在社区控制之下。因此，本土居民和社区在世界土地和生物多样性的治理、保护和可持续利用方面发挥着巨大的作用。

扎西曲瓦作为“文化源头”的确定是对当地文化

从吉富山流出的高地扑被认为是澜沧江的地理源头之一。

的尊重，也是对当地社区有效保护水源的肯定，这也意味着在科学之外，群众在日常生活中的水源保护的实践，就当地生态环境而言，或许更加重要。

5. 作为“曲果阿玛”的扎曲源头

在藏族地区，很多经典的文化历史著作中都提到远古的青藏高原曾是一片汪洋大海。在成书于16世纪的吐蕃史书《贤者喜宴》中，这样描述了沧海桑田的变化：四面环山的青藏高原，原本浸泡在一片沸腾

的汪洋之中，后来在东南方向溃决出一道泻口，汪洋从此处流入大海，高山浮现上升，河湖星罗棋布，而大地也留下了变动的痕迹。

这个地区远在地质时期的记忆被留在了雪域民族的神话里。除此之外，还有更多散落于历史典籍和民间传说里。比如，杂多的格萨尔王说唱艺人可能从未去过长江源、黄河源和可可西里，但是他们可以通过格萨尔王的故事，准确地描述这些地方的地理特征与名称。

同样，对于三江源的牧民来说，源头既是殊胜的所在，又极为司空见惯——他们不需要像江河下游的人一样向上追索这如帚的分散水流，只需耳濡目染地熟稔着山水的传说，并且在年复一年的游牧迁移中，确保家人和畜群永远都能有洁净的水源。千百年来，所有江源牧民就在这样的生活中天然地熟知了源头的概念。

与现代科学定源的准则相似，当地人对于源头也有自己的标准，如水量较大、四季有水，而水源的具体长度在生活中并不重要，人们更关注其实际使用的功能，因此水源的洁净度和持久性是极为重要的。如果是来源于雪山融水、石山泉眼、高悬飞瀑等，就具有更加殊胜的意义了。

由于水源对于高原生态和生活的重要性，它们往往被当地人称作“曲果阿玛”。很多人已经了解了藏语的“曲”就是河流的意思，而“曲果”则为源头之意，在地名里出现的曲果、群果、琼果都代表一些水源。不言而喻，“曲果阿玛”就是“水源母亲”。对于牧民而言，并不是只有大江大河之源才可以被称作“曲果阿玛”，即便是家门口的小小泉眼，都是他们的“曲果阿玛”。

作为“曲果阿玛”的澜沧江源扎曲，在玉树的山水文化记录中也有着详尽的叙述。与如今广泛流传的“岩石堆里流出来的水”的说法有较大差异，扎曲

澜沧江源头的峡谷地貌

名称的来源还有另一种说法，即“月亮河”。据萨迦成就者江果木旁（1846—？）记载，扎曲的“扎”与月亮有关，是“从月亮里慢细流出”，可能是描述其源头之一从如月亮般的岩洞里流出。由于口音的不同，“达”（藏语里称月亮为达瓦）在康巴地区也称为“杂”或“拉”，因此后来逐渐忘却了河流名称的本意。此外，《玉树调查记》的注解中也提到了“月亮河”的说法，这是一种尚待考据的说法，但给澜沧江源增添了一抹浪漫色彩。

实际上，在《玉树山水文化》一书中，澜沧江有很多不同的分支水源，其中较大的支流为扎阿曲、扎那曲、阿曲、昂曲、布当曲、子曲等，而最重要的就是发源于扎青乡的扎阿曲，以及发源于莫云乡的扎那曲。

扎阿曲的源头为“扎西曲瓦”，意为“吉祥旋水”，描述其水流形态美丽，好似“卍”字喜旋纹样[①]。虽然距离上不是最远的，但它有许多神奇与殊胜之处，所以大多数当地人认定其为源头，并每年都按期进行煨桑、偈颂称赞的仪式。扎那曲则由三处水流汇合而成，一为达闹日给（意为“老山”），是山麓地面而来的水流；一为加果空桑贡玛曲，是星星点点的水泊；一为杂那霍霍珠地，是小山两侧的两股水流汇合而成，这一水源更加广为人知。

随着对澜沧江源人文历史的不断深入了解，我们会发现，这个所谓的“地理空白”之处，其实已是被当地人逐寸摹画和命名了的山河大地，写有很多故事、历史、传说、神话，以很多不同的角度和方式解说着家乡的地理地貌。而这些有关“曲果阿玛”的记录和诠释，便可称得上当之无愧的“源文化”。

① “卍”字为佛教中象征吉祥的符号。

扎曲之水自何处来

1. 源区气候及范围

青藏高原以其巨大的体量改变了其自身和周边地区的大气环流模式，对高空气流起到分流作用，形成了高原特有的季风环流形式，并扩大了海陆热力差异，加强了亚洲季风，被称为“亚洲季风的发动机”。

来自印度洋的水汽，经过三江源地区巨大的高原山系时被迫攀升，经过强烈的热对流作用形成了巨大的积雨云。受到平均海拔达5000米的高山带来的局地锋生作用影响，这些水汽被拦截的临界高度继续提升，因此降水得以更多地集中到高大山体的两侧，最终汇集成河流湖泊。除此之外，三江源地区寒冷的冰缘气候条件造成了湿地的广泛发育，大量冰川雨雪积水在低洼地区滞留，于是，纵横的河流、众多的湖泊、广泛分布的沼泽和独特的高原冰川共同构成了三江源地区这座庞大的固体水库。

据测算，整个澜沧江总水量的15.6%来自三江源地区，澜沧江源区多年平均径流量为112.8亿立方米。水源补给主要来源于降水和冰雪融水，河道比降大，水流湍急；多数河流水质好，含沙量小；冰川融水量受太阳辐射强度影响，一天之内冰川消融过程显著反映在水位、流量变化上；河道流量年内年际变幅均很大。

澜沧江上游及源区段有东西两支流，东支为扎曲，西支为昂曲。扎曲和昂曲在西藏自治区的昌都市附近相汇。扎曲河长518千米，昂曲河长364千米。

在杂多县扎青乡，源头之水在灰暗之中散发着自己的光亮，仿佛在向我们展示自己的无穷力量。

澜沧江源区水资源

年径流量 > 112.8
亿平方米

> 15.6%
占澜沧江总水量的

因扎曲河流长，流域面积及水量也较大，故将其定为澜沧江的正源。扎曲系藏语音译，目前流传最广的说法为“从山岩中流出的河”，扎曲在青海省玉树藏族自治州杂多县县城西北约110千米的尕纳松多，又分为两支，即扎阿曲和扎那曲。

扎曲在杂多县然达以下的河段，是顺着岩层、断裂走向发育的次成河谷，已逐渐转入近南北走向的横断山断裂系，巴颜喀拉山、唐古拉山、念青唐古拉山

等山脉都开始向南转弯，由此开始了三江并流的高山深峡奇观。

同其他源区一样，澜沧江源区遍布大大小小两百余个湖泊，最大的湖泊是昂瓜涌曲流域内的朵宗错湖，其次是昂纳涌曲流域内的崩锐错根湖。这些高原小湖泊深浅不一，有的深不见底，有的浅不盈尺，或清澈明净，或浑浊如泥。湖泊内多长水草，繁殖藻类。

雨水滋润土壤和植物，造就了山水画一般的场景。

2. 雨雪降水

澜沧江源区位于青藏高原东南部的青海高原，以典型的高原气候为主，长冬无夏，分冷暖季，降水偏少，天气变化剧烈。同时，由于自身的地形特点，又产生了更多的区域差异。由于纬度偏南，整体热量条件更佳，而东段的山地河谷引入了部分印度洋孟加拉湾和太平洋湿热气流，加上低涡和切变活动频繁及地形对暖湿气流的抬升作用，形成了丰沛的地形雨。

总体而言，本区域降水多集中在6—9月，降水量随着海拔升高而减少，东部多于西部，南部大于北部，河谷又多于其他地带。位于海拔较低的阿多乡、扎青乡等地的扎曲流域，在海拔4290米以下河谷地带，年降水量450 ~ 520毫米，海拔较高的西部源头地区，年降水量减至380 ~ 420毫米，气候愈加寒冷和干旱。

澜沧江源区水系中大大小小的河流形成了复杂的河流网，属于年轻型的河川。干支径流来源稳定，雨雪混合补给，加上高寒地区蒸发量小，径流系数较大，年内最大分配值出现在7—8月。海拔4500米以上的河干为高冰雪寒冰带，冰碛、石流分布广，河段东部所经地带多为高山峻岭，狭谷曲折陡峭，河床深切，水流湍

杂多县扎青乡地青村的尕雅尕画雪山 园区中多座冰川的融水是江河的重要水源。

急。支流因流域地形、汇水面积不同，水文特征相差很大。另外，河谷地带地下水源充沛，在悬崖裂隙处常有潜水流出，有些是低温热水，冷季不结冰。

3. 冰川雪山

整个青藏高原造就了地球上中低纬度地区的蓬勃发育，如现代冰川及第四纪古冰川的奇观，澜沧江发源地唐古拉山和昆仑山一样，都是青藏高原冰川最发育的山脉。因地处高原腹地，主要属于典型的极大陆型冰川以及向海洋过渡的亚大陆型冰川，它们多发育在平缓的高原夷平面和宽谷之中，冰面坡度不大，不易发生冰崩、雪崩，所以冰面洁净。在冰舌前端常常出现隆起的拱圆状冰崖以及单个或连座的冰塔，甚至会出现壮丽的冰塔林，成为高原腹地独具特色的冰川景观。

冰川和雪被是气候和地形作用的产物，同时记录着气候变化的丰富信息，也是江河发育的最初源流和形成持续径流的基本条件。澜沧江源头区多冰川雪峰，但人迹罕至，少为人知。其中，最高峰色的日峰海拔 5876 米，周边终年积雪，雪峰之间是第四纪山岳冰川。围绕主峰区分布着三百余条冰川，北侧的冰川融水汇入长江支流聂恰曲，西侧和北侧有多达 160 余条冰川汇入澜沧江。这些冰川地貌可分为冰蚀、冰碛、冰水堆积 3 种类型，千姿百态，十分壮观，特别是在阳光照耀之下，更加璀璨夺目。

在源区的雪线以下到多年冻土地带的下界，海拔 5000 ~ 4000 米，呈冰缘地貌，类型丰富多样：上部主要为冰缘突岩，也称寒冻风化岩堡、岩柱等，周围常有十多米至数十米甚至超百米的陡壁；中部以冰冻结构、泥流阶地等类型为主，常见有石海与石川等分布；下部因热量增加，冰丘热融滑塌、热融洼地等类型发育为主。

4. 地下冰川——冻土系统

作为地球“第三极”的青藏高原，因其地势极高，是中低纬度冰冻圈最发育的地区。冰冻圈是指地球表层连续分布且具有一定厚度的负温圈层，通俗而言，就是地表上水以固态形式存在的部分，包括所有种类的冰、雪和冻土。此外，冰冻圈、大气圈、水圈、岩石圈、生物圈被认为是影响气候系统的五大圈层。实际上，处在高原腹地的三江源地区，其水源同样高度依赖冰冻圈融水，而除了人们所熟知并开展大量研究工作的雪和冰川外，广泛分布的多年冻土也通过独特的水分运移影响着区域水文和水循环过程。

多年冻土是在青藏高原隆升过程中逐渐形成并扩张的，并经历了不同周期和尺度的气候冷暖波动。在多年冻土层形成的漫长过程中，反复的成冰作用将大量水分冻结并以固态形式长期储存于地下而形成了地下冰，现有地下冰储量约为 12.7 万亿立方米。发源于青藏高原的河流为全球近五分之一的人口提供水源。

三江源地区则是青藏高原上多年冻土最发育的地区，多年冻土覆盖整个三江源地区。受海拔高度和纬度的影响，冻土厚度由南向北增厚，由西向东渐薄，一般厚度为 30 ~ 70 米，最厚达 100 ~ 120 米。此外，山地边缘地带季节性冻层也较发育，厚度可达 10 米左右。大范围冻结层形成了三江源地区典型的冰缘气候，低温、大风、寒冷，风化强烈。

多年冻土是维系三江源地区自然生态系统和水系平衡的关键地理单元，它们对这里的水文产生着不可

拓展阅读

在三江源地区，有一种特有的季节性小冰川——泉冰川，这是地下泉水在冬季的特殊形态。汩汩流出的泉水未及远行就被冰结，后续的水流不断奔涌，一个冬春就可凝成一座形态可观的冰川，如同精美浮雕。经过夏天的阳光照耀，它们会缓慢消融，去润泽绿色的原野。

忽视的影响：冻土结冰降低了土壤入渗能力，增加了冻土地表径流；在富冰土壤顶部形成不透水屏障，控制地下水侧向流动；在暖季提供融水的来源。

5. 雪域高原的多重世界

在几千万年间，青藏高原的生长经历了三次隆起，而由于海拔不断隆升，高原气候总体趋向寒冷和干旱。从距今约4000年前全新世气候适宜期到公元700年，这几千年的时间内，高原古代的人类文明开始产生和发展。在认识世界的过程中，高原环境随气候冷暖波动而产生的演变，给藏族先民留下了极为深刻的印象，他们通过口头传承、远古岩画、歌舞说唱传承着记忆，形成了庞大的集体心理经验，从而塑造了独特的世界观和自然观。

在漫长的时间里，地壳海拔逐渐攀升，绵延雪山变得愈发高峻，气候冷暖交替，严酷的自然条件和突变的自然状况展现了自然之力的伟大。人们信仰万物，并赋予自然以神性；同时，在不断迁徙和适应的过程中，又探索总结着与万物相处的实际经验，最终形成了人与雪域和谐共生的生态实践。

杂多县昂赛乡的江水在翻滚前行中被冻结成冰。

气候变化与澜沧江源

1. 科学证据

气候变化被认为是21世纪人类所面临的最大挑战之一。作为世界“第三极”的青藏高原，毫不意外地成为了全球气候变化的敏感区，也是潜在受气候变化影响最大的地区之一。

国家气候中心的监测数据显示，在1961—2020年间，青藏高原的年平均气温每10年升高约0.35℃，超过了全球同期平均水平的2倍，也是我国升温最快的地区。区域内的冰川加速退缩，在储量上减少了大约15%，多年冻土的面积则减少了约16%。与此同时，年降水量显著增多，平均每10年增加7.9毫米。随之而来的，是湖泊、湿地的扩张，以及河流径流量的增加。现阶段的水量增加，也许需要辩证地去看待。因为，科学证据同时也指出，冰川的大幅度退缩可能带来冰湖溃决及其他一系列风险；冻土消融则通过改变土壤温度和透水性，导致地下水位下降，湖泊重新萎缩。对冰川的预测甚至更令人揪心，到本世纪末，小冰川在高碳排放（RCP8.5）的情境下将会丧失它们80%的冰量，有一些冰川，则无论在什么样的情境下，都注定会消失。这意味着，以冰川融水为主要补给的河流，特别是中小型的支流，将会在短暂的水量暴发后，迎来水量锐减甚至干涸的威胁。

有研究者指出，近几十年来，澜沧江干流河谷区的气温明显升高，降水略有减少，在过去40多年的观测期中，流域内12个观测站的温度每年上升在0.01~0.04℃之间，降水的变化显得复杂一些，有3

杂多县扎青乡的一次短暂而绚烂的闪电。

个观测站的平均降水量下降，2 个观测站的平均降水量增加。一些研究结果也显示，澜沧江流域降水略有下降，但是研究结果未达到信度水平，这说明在澜沧江流域内气温增加的事实可以确认，但降水的变化并没有一致的观测结果。据科学家分区域的研究显示，1960—2006 年期间，包括青海省在内的青藏高原年平均降水增加，其中春季和冬季降水量增加，而包括云南省在内的西南地区降水量下降，其中秋季降水下降明显。科学界还对流域内未来的气候变化进行了分析和预测，未来澜沧江流域内气温上升。无论哪一种排放情景，温度都会明显的增加，即使是升温率最低的排放情景，2011—2100 年升温率也相当于过去升温率的 1.5 倍。而降水方面，也有年平均降水量增加的趋势，其中夏季增加量最大。气候变化对澜沧江流域将产生很大的影响。

这片古老的高原，现在整体呈现出“暖湿化”的趋势。对于植物生长而言，这是相当有利的，许多采用归一化植被指数的遥感研究表明，青藏高原整体上“变绿”了。不过，在这层看似简单的绿色外衣下，还藏着更多细节性的变化，以及复杂的变化趋势，包括植被类型、植物群落结构、物候期和地上生物量的变化。

森林和草地的景观格局正在重新被塑造。山坡上的树线在上升，灌木、阔叶林、针阔混交林和针叶林将会扩张，高寒草甸、高寒草原、高山稀疏和垫状植被、沙漠将会萎缩。其中，灌木的增多将最为明显，在西北区域，灌木将取代大部分的高寒草甸和部分高寒草原。针叶林则主要会向高原腹地扩张。

在草地生态系统中，气候变化对草地变化的贡献率在 30% ~ 90% 之间。长期的气候变暖使得草地物候期提前，这有利于禾本科、杂类草等早春植物的萌发，而牲畜适口的植物种类则会减少。从小尺度上来看，气温和降水的变化也存在着区域异质性，因此，并不是所有的地方都“变绿”了，一些区域增温过多、生长季的降水减少，反而导致了草地生产力的降低。在所有的变化中，以“黑土滩”为代表的草地退化是最棘手的问题，引起了社会各界越来越多的关注。

生活在森林和草地里的野生动物，同样也被卷入了变化的洪流中。气候变暖迫使野生动物向海拔更高

草地退化的证明——黑土滩

的区域迁移，并导致了栖息地的丧失和碎片化，这有可能会改变物种的生存范围和多物种之间的互动关系，甚至带来部分物种灭绝的风险。有研究预测，树线的上升将有可能导致30%的雪豹栖息地丧失；也有

模型预测，到2070年黑颈鹤的繁殖范围将会发生变化，高度适宜的生境将减少；有蹄类动物的分布区域可能会减少30% ~ 50%，超过一半的种类将会成为地方濒危物种，而白唇鹿、藏野驴则将成为全球濒危物种。

2019年玉树发生雪灾，牧民购置干草给家牦牛喂食。

极端天气是气候变化的另一个表现，包括极端降雨和降雪事件、高温和干旱等，高海拔地区在这些事件的发生频率方面亦表现得十分突出。夏季过于集中的强降雨，大大增加了陡峭区域水土流失的风险。持续的高温和干旱，则有可能使得草地过早地进入枯黄期。雪灾的影响更是不容小觑，在过去的几十年里，青藏高原无论是在雪灾发生的总频次还是在雪灾发生的区域范围都有所增加，给当地的经济和牧民生活带来了很大的风险。2019年初，青海省发生了一次长时间、大面积的降雪，其中玉树藏族自治州的降雪量达到历史同期最多，较历年同期偏多1.7倍。当年的气候公报收录了这次重大天气事件，并记录了它的影响：包括玉树藏族自治州杂多县在内的3州13县中，共有5.3万头（只）牲畜因雪灾而死亡，直接经济损失达2.1亿元。当地牧户在应对这些风险时有不同的表现，贫困户往往不容易从气候灾害的打击中恢复，因此，气候变化完全有可能导致牧民的进一步贫富分化。

2. 牧民如何看待气候变化

对牧民而言，“气候”并不是一个常用的词，但有关“天气”的讨论却贯穿于他们的日常生活之中。一项针对澜沧江源头地区社区的气候变化调查显示，多数牧民都感受到了气温、降水的变化。52.9%的人感觉到近5年的冬季气温比以前升高了，42.9%的人感觉到夏季气温升高了，“现在的热和小时候不一样，现

在晒得疼”。36.8% 的人感觉到夏季的降雨增加了，13.8% 的人认为降雨变得不均匀了，“现在要么不下，一下就像天漏了一样”。降雨的不理想，经常会与草场的变化联系到一起，“该下雨的时候不下，不该下雨的时候一直下，对草的生长不好”。

雪山是牧民谈到天气变化时常用的参照物。在三江源地区，几乎每一座雪山都有名字，牧民认为在雪山上住着凡人看不见的神灵或非人生命。牧民对雪山寄予感情，有对未受破坏的自然的亲切，也有对所认可的世界规律的敬畏。然而，牧民们慢慢发现，雪山的雪线上升了，一些过去终年积雪的雪山现在只有冬季有雪，甚至完全没有雪了。“雪山如海螺色，则国土安康；雪山如天珠色，则国土舒适；雪山如玛瑙色，则国土衰亡。”——这一句古老的偈语，令人不免唏嘘。

像敬畏雪山一样，牧民也敬畏并爱护着水源。他们视水源干涸为神灵降给人间的惩罚，而如果干涸的水源重新涌出涓流，则可以为此欢欣鼓舞。如今在气候变化的背景下，许多水源变小、干涸，少数水源恢复。牧民谈起这些，不无担心。与此同时，牧场上的地下水位也发生了很大的变化，常常听牧民说，现在打井必须比过去打得更深，一年比一年深，才能出水。有时在牧民家可以看到多个水井，那都是因为过去的井干涸之后，又打了新的井。

雪灾的频次逐渐增加了，这是牧民最担心的事情之一，因为它直接影响牲畜的死亡率，进而影响一个家庭的财富积累。在极端天气的不确定性面前，过去的经验似乎不那么适用了，“以前是隔十几年才有一次雪灾，比如今年雪下得很大，导致很多家畜死了，人们就相信近十年不会再有雪灾了。如今隔上几年就会发生雪灾”。

大多数牧民对于温室气体和碳排放并不了解。在他们看来，气候变暖就像其他很多变化一样，是世界的规律，也是因果累积而至的缘分。在当地的传统文化中，世界是由相互影响的“情”和“器”两部分构成的。“情世界”是众生和他们所组成的内部世界，包括有情感的人和动物；“器世界”是能容纳有情众生的环境，由地、水、风、火四大元素组成。元素的不平衡，将会导致世界的失衡。如今的世界，也许是一个“火”失衡的世界，于是天气变热了，就如同人的身体生了病。而所有的事情从好到坏都有规律，坏透了就会有新的开始。

还有一种观点，更多地考虑了人在其中的作用，认为是“情世界”的变差导致了“器世界”的式微。我们现在身处的时代，出现了越来越多的可能和选择，人的欲望也越来越旺盛。在诱惑面前，信仰和道德不再能起到约束的作用，最终导致人做出不好的举动。这些内在的“情世界”的变化，映射到外在的“器世界”，就导致了天气变得不好、灾害增加、自然环境变差。

“情器世界”中，还有一个有意思的观点，即人类本身是一个整体。一个地方的人做了不好的事情，它的后果有可能投射到另一个地方。例如，发生在遥远的某一个县的挖矿、基建等行为，会导致另一个县的天气变差、水源干涸；一条沟里的草场发生了退化，可能与千里之外的人有了什么欲望有关。所以，生活在一个地方的人，并不仅仅只属于某个局域，而是有更广泛的责任。这与“同一健康”（即 one health，系人类健康、动物健康和环境健康三者的统合，涉及人类和动物健康、环境卫生、食品安全和农业生产等方面）的想法有异曲同工之妙。只有所有的人都善待环境、品行正直，环境才会变好。然而，采取这种归因也有不利之处，有可能会过于强调对面那个不可对抗的力量，而弱化自己的主观能动性。

为应对气候变化下的草地退化，牧民试着自己人工种草，以对草地进行生态恢复。

拓展阅读

牧民适应气候变化的方式

作为对气候变化的适应，草原上的牧民采取了转场、出栏、补饲、种草和多元生计等行动。其中，转场是最为传统的放牧管理方式，是牧民专门针对气候的波动和草场资源分布的时空不均，所总结和流传下来的主动适应行为，“逐水草而居”很好地概括了这一种本土智慧。牧民选择高山作为夏季草场，选择冬季不易积雪的平原地区作为冬季草场。在平原地区中，又优先选择 ནར（藏语，音译为 naza），即以薹草为主的湿地、草地作为冬季牧场使用，这是因为粗壮坚硬的薹草不易被雪压折。近几十年来，牧区的转场行为虽受到了草地政策、围栏建设和合作社经济等多方面因素的影响，但仍以不同的形式和程度存在于草原之上。

一些地区的牧民在秋季宰杀牲畜时，会考虑当年草场的生长情况，如果草不好就会增加出栏，兑换出购买饲草、保存其他牦牛的现金。当然，也有社区受“不杀生”的传统影响更甚，牲畜能不出栏则尽量不出栏。还有的牧民倾向于保持庞大的畜群基数，以便在遭到雪灾后仍然存有足以恢复的畜群，这是出于“多畜多福”的考量。近年来，在交通运输条件得到改善的情况下，许多社区出现了补饲的做法，牧民从市场上购买干草、玉米、颗粒饲料给自己的牦牛，以增强对雪灾的适应性。

人工种草，对气候变化下退化的草地进行生态恢复，也是一种主动适应的新方式。通过播撒草种和肥料，重建地面植被，可以部分恢复草地的生产力，保持水土。这样做一方面对生态有利，另一方面对于恢复草原景观和增强文化支持功能也有好处。

多元生计也是应对气候变化风险的有效适应方式之一。在昂赛乡，围绕社区发展开展了一些探索。例如，通过向游客提供高端的导赏服务，获得经济收益，在一定程度上实现了生态产品的价值转换。与此同时，牧民在活动的组织和运营过程中也提高了市场对接、经营规划等方面的能力，既获得了社会的认可，也增加了社区的社会资本和面对风险的韧性。妇女是受气候变化影响较大的群体，在一些村庄，妇女手工艺品制作小组也是多元生计的形式之一，她们可通过制作牦牛绒和羊毛手工艺品，来提高收入，增强自信。

吉富山
2008年和2014年考察活动所认定的澜沧江源头
荣卡曲莫及
吉富山
果宗木查山
果宗木查山
在1999年考察活动中被认定的澜沧江源头
辛木羊那
4944
色的日冰川
澜沧江源园区最
的冰川
青
扎西曲瓦
在2014年考察活动中被认定的澜沧江文化源头
扎阿曲
发源于杂多县，扎青北部高山采莫赛附近，是澜沧江的河源之一
扎那日根山
扎那日根山
唐古拉山脉次级山岭，当地有其是扎曲源头的说法
布当曲
发源于澜沧江源园区的冰川——色的日冰
流经青海省杂多县
乡，是扎曲的支流之
藏
加果空桑贡玛曲
扎那曲最长的支流，源头是查加日玛山的高山冰川
扎那曲
发源于杂多县莫云乡，流经平缓坦荡的莫云滩，是澜沧江的河源之一
尕纳松多
扎阿曲和扎那曲在尕纳松多汇合后始称扎曲
扎曲
澜沧江上游河段，松多至昌都市段称曲，昂曲在西藏自昌都市与扎曲汇合称澜沧江
莫云滩
被称为“天边的莫云”，位于青海省杂多县莫云乡，是高原盆地中的大滩，因其大片的湿地沼泽而被当地人称为“滩”
阿曲
发源于杂多县阿多乡，是扎曲的支流之一
唐古拉山脉
三江源国家公园南部界山，长江西源沱沱河、长江南源当曲、澜沧江的共同发源地
唐古拉山脉

澜沧江源园区 3D 地形景观图
多彩曲
哈曲
聂
天
河
哂阴错
益曲
喇嘛诺拉
其意为“财神上师”，是玉树藏族自治州地区的知名神山
喇嘛诺拉
布当曲
高
原
子曲
发源于杂多县扎青乡，在玉树市境内与扎曲并行出青海省后汇入扎曲
子
曲
昂赛大峡谷
位于澜沧江源园区昂赛乡，风景壮美
巴艾涌丹霞
昂赛大峡谷内丹霞景观分布最集中的区域
扎
曲
（澜沧江上游）
昂曲
发源于唐古拉山脉北麓瓦尔公冰川，是澜沧江最大支流
昂
曲
三江源国家公园
澜沧江源园区范围线

杂多县扎青乡的裸岩与高山草甸

2 独一无二的澜沧风景

澜沧江源区的植被类型十分丰富，有针叶林、阔叶林、针阔叶混交林、灌丛、草甸、草原、沼泽及水生植被、垫状植被和稀疏植被。在这片广袤而富有生机的土地上，每一滴初生的露珠，每一缕微凉的风，都似乎在诉说着一个关于生命的故事，雪豹、兔狲、猞猁、金钱豹等食肉动物在山间奔跑，花彩雀莺、凤头雀莺、藏鹀、棕草鹛等鸟类在枝头跳跃，澜沧江源区有无限生机和生命真正的魅力。

交错分布的垂直与水平生态系统

整个三江源地区地势自西北向东南倾斜，水汽和热量由东南向西北递减，地形和气候的差异使得生态系统也随之变化。江河自下而上在下游切出沟壑与峡谷，西南湿润的水汽便得以源源不断地渗入高原。森林、草地、湖泊、湿地、草甸、荒漠在山原与河谷间交错分布，孕育了山地针叶林、阔叶林、针阔叶混交林、灌丛、草甸、草原、沼泽及水生植被、垫状植被和稀疏植被等 9 种植被类型、14 个群系纲、50 个群系。不同的植被构成了不同生态系统的基底，植物与动物在千万年的演化中相互适应。截至 2019 年，三江源国家公园共记录野生种子植物 50 科 231 属 832 种，哺乳动物 8 目 19 科 62 种，鸟类 18 目 44 科 196 种，爬行类和两栖类 3 目 8 科 12 种，鱼类 3 目 3 科 40 种。

澜沧江源区由唐古拉山脉四条并列的余脉构成了地形骨架，由扎曲河源与当曲、莫曲分水岭向西侧逐渐降低，西部地区地形坦荡，山体低矮平缓；东部地区高山夹峙，峡谷深切；南接横断山脉，北邻高原主体，地势高耸，山脉绵亘，山高谷深，河流多、盆地少，地势极为复杂。

源区植被总体属于青藏高原高寒植被区域，区域内分布着高寒荒漠类、高寒草甸类、高寒沼泽草甸类、高寒灌丛草甸类、高寒草原类等类型。源区内动物总体属于青海藏南亚区，并有少量西南山地亚区和喜马拉雅亚区型分布。从草地到高山，由河谷至湖泊，不同的植物与动物构成了纷繁复杂的生态系统，交错镶嵌在澜沧江源区地表之上。而在这些生态系统之中，千百年来当地人游牧生息，也将“人”的因素融汇成其中的一个部分。在不同地形、气候、植被、人类生活的环境中，形成了丰富的生态景观和文化风貌。

源区景观地貌。远处的裸岩俯瞰着脚下的无数生命。

高山兀鹫
狼
牦牛
地山雀
黑颈鹤
高原鼠兔
斑头雁

胡兀鹫
藏原羚
藏狐
赤麻鸭
高原鼠兔
白腰雪雀
高山草原 / 高山沼泽草甸生境

知识点

牧民与牦牛

牦牛被誉为“高原之舟”，生长在海拔 3000 ~ 5000 米的高寒地区，能耐零下 30 ~ 40℃的严寒。作为野牦牛的驯化后代，家牦牛广泛分布在整个青藏高原及周边的人类生活区，总数超过 1600 万头，其中 90% 以上生活在中国。

在牧区，牦牛就意味着一切，拥有一群健康的牦牛，胜过拥有金山银山。牦牛提供了丰富的蛋白质和脂肪，牧民们吃的是煮熟或者风干的牦牛肉，喝的是新鲜牦牛奶、发酵而成的酸奶和冲泡了酥油的奶茶。牦牛粪是高原牧民生火最好的燃料，由于草原大部分地区很难找到木材或者煤炭，而游牧的生活又不方便囤积大量的燃料，牦牛粪就成为再合适不过的选择。藏族传统服饰中牦牛的毛、皮是制作衣物的重要原料，用牦牛毛制作的传统黑帐篷通风性好又疏水，夏天住着十分凉爽惬意。而转场搬家时牦牛又是最好的帮手。

传统上牧民不会购置房产、田产等不动产，现金只需满足日常使用即可，牦牛数量的多寡象征了一个家庭的富有程度。需要大量现金应急时，一般出售一两头牦牛即可解燃眉之急。

鼠兔打洞

在草场退化严重的地方，鼠兔经常被人们认为是祸害草场的元凶。而实际上，鼠兔爆发是草地退化的结果而非原因，但不可否认的是，激增的鼠兔种群会让已经退化的草地无法得到恢复，加剧其向黑土滩发展的进程。我们首先应避免过度采挖、过度放牧等原因导致的土地退化。

实际上，鼠兔对于高寒生态系统有着极为关键的作用，数量庞大的鼠兔养活了青藏高原上众多的食肉动物，从棕熊到香鼬，几乎每一种食肉兽和猛禽的食谱中都有鼠兔。更重要的一点是，鼠兔挖掘了大量的地下洞穴系统，加快了地下和地表的物质循环，提高了土壤的渗水能力，有利于植物的生长；同时，鼠兔的洞穴为众多小型动物，比如白腰雪雀、地山雀、青海沙蜥和许多昆虫，提供了隐蔽和繁殖的场所。

物种介绍

● 狼

- 食肉目犬科
- 无危 · 国家二级保护动物
- 栖息于山地、森林、草原、荒漠等多种生境，集小群活动。三江源地区是中国境内狼仅存的栖息地之一。主要以大中型食草动物为猎物，同时也捕食高原兔、旱獭、雉类等小型猎物。

● 藏狐

- 食肉目犬科
- 无危 · 国家二级保护动物
- 常见于开阔而平坦的高原草甸、高寒草原及湿地等生境。通常为日行性，以高原鼠兔为主要食物。体形较小，四肢短粗，面部因听泡的膨胀而外形方正。

藏原羚

- 偶蹄目牛科
- 近危 · 国家二级保护动物
- 常见于平坦而开阔的高原草甸和高寒草原等生境。主要以禾本科植物等杂草和地衣为食，胆怯而警觉，受惊时短小的黑色尾部竖起，心形的白色臀部异常醒目。

白腰雪雀

- 雀形目雀科
- 无危
- 常见于高山草地、草原，以及有稀疏植物的荒漠和半荒漠地带。善奔跑而不远飞，常成松散小群体在地面活动和觅食。

地山雀

- 雀形目山雀科
- 无危
- 常见于高原草甸、草原、湿地及稀疏灌丛等开阔地带。常在地面裸露处跳跃觅食，飞行能力较弱，不高飞亦不远飞，常在鼠兔洞穴中夜栖。

高原鼠兔

- 兔形目鼠兔科
- 无危
- 栖息于海拔 3000 ~ 5000 米开阔的高山草甸、草原与荒漠生境。黑色唇边为其最典型特征，也被称为“黑唇鼠兔”。

赤麻鸭

- 雁形目鸭科
- 无危
- 常见于湖泊、河流、湿地等各类水生环境及周边的草甸、山坡。性机警，难以徒步接近，常在水面栽倒觅食。

斑头雁

- 雁形目鸭科
- 无危
- 常见于高原湖泊、湿地沼泽和开阔而湿润的草甸。夏候鸟，喜集群，常与棕头鸥、赤麻鸭等鸟类混群。

黑颈鹤

- 鹤形目鹤科
- 近危 · 国家一级保护动物
- 可见于高原湿地及湿润草甸。夏候鸟，敏感而机警，受惊时头部裸皮充血，颜色鲜艳。藏传佛教中的神鸟，传说中的格萨尔王的马倌。

高山兀鹫
金雕
藏雪鸡
赤狐
灰尾兔
岩羊

胡兀鹫
狼
雪豹
喜马拉雅旱獭
川西鼠兔
岩羊
高原鼠兔
石质山 / 高山草甸生境

知识点

人兽冲突

三江源地区最大的特点就是野生动物与人类生产生活在空间利用和资源利用上的高度重合。草场之上，食肉动物捕食食草动物，食草动物吃草；而人类食用家畜，家畜也要吃草。由此派生的多重人兽冲突当中，发生在动物之间的难以预测的行为，便是食肉动物对于家畜的捕食。

食肉动物捕食家畜，不仅是生态问题，也是民生问题。野生动物捕食家畜，会促使报复性猎杀。根据国际野生物贸易研究组织的研究表明，自2008年以来，每年有221 ~ 450头雪豹被猎杀，其中报复性猎杀占到55%，是猎杀最重要的诱因。据统计，昂赛乡捕食牦牛最多的动物是狼，其次是雪豹、金钱豹和熊。在一些牧区村庄，牧户每年自家吃掉的牦牛不过2 ~ 3头，而被雪豹捕食的却超过这个数量，这无疑给牧户带来了巨大的生活压力。

当我们欣赏那些飘逸、灵动以及帅气的雪豹的照片时，不应该忽视雪豹背后的那抹阴影。

作为分解者的猛禽

整个青藏高原有两种最为常见的大型猛禽——高山兀鹫和胡兀鹫，它们均以动物尸体为食。高山兀鹫食肉，其具有长而裸露的头颈，便于将头伸入体腔掏食内脏，并用颈部发力带动喙部撕咬，颈基蓬松的羽毛可保护其体羽免遭污染；胡兀鹫取骨，骨髓是其90%的食物来源，它的食管具有弹性，可吞食较大骨块，如骨头过大，便把骨头叼到高空扔下，摔成可吞咽的大小。

由于气候寒冷，高原上昆虫和微生物并不活跃，大型食腐鸟类是消解大型动物尸体的重要类群，往往几天便可将尸体清理得干干净净。在三江源地区的传统文化中，高山兀鹫和胡兀鹫也是沟通人世和天界的使者。因此，无论是对于人类还是对动物来说，它们都是生死轮回和物质循环中极为重要的一环。

物种介绍

● 雪豹

- 食肉目猫科
- 易危 · 国家一级保护动物
- 栖息于海拔3000 ~ 5500米的高山草甸、流石滩及裸岩区，常见于地形陡峭的生境。白昼和夜晚均活动，尤以晨昏最为活跃。

● 赤狐

- 食肉目犬科
- 无危 · 国家二级保护动物
- 可见于高山、河谷、草甸、湿地等各类生境。欧亚大陆广布种，其食物包括高原鼠兔、高原兔等兽类，以及高原山鹑等鸟类，也常食腐。

● 兔狲

- 食肉目猫科
- 无危 · 国家二级保护动物
- 栖息于较干旱的山地、草原与荒漠地带，分布区域的海拔可上至4500米。以独居和夜行性为主。

● 岩羊

> 偶蹄目牛科
> 无危 · 国家二级保护动物
> 栖息于海拔 3500 ~ 6000 米的高山草甸和高山裸岩区域。常集群活动，在陡峭的裸岩环境中行动敏捷，具有优异的跳跃能力和攀爬能力，是雪豹最主要的食物。

● 川西鼠兔

> 兔形目鼠兔科
> 无危
> 常见于陡峭多岩的河谷、山地、岩壁等生境。典型的大型岩栖型鼠兔，善于攀爬奔走，可在陡峭的岩壁或缝隙间灵活奔跑和跳跃。

● 灰尾兔

> 兔形目兔科
> 无危
> 栖息于海拔 3000 米以上的高山草甸及高山灌丛生境中。胆怯而机警，活动范围比较固定，常蜷缩在自己开掘的浅坑中。

● 喜马拉雅旱獭

> 啮齿目松鼠科
> 无危
> 栖息于海拔 3500 ~ 5200 米的高山草甸，集小群。除了 10 月至次年 5 月冬眠时，在草原上基本都可看到它们的身影。需要注意的是，旱獭作为啮齿动物，是鼠疫的天然宿主之一，务必注意不可与旱獭有近距离接触。

● 藏雪鸡

> 鸡形目雉科
> 无危 · 国家二级保护动物
> 常结群出没于裸露岩石的稀疏灌丛和高山苔原草甸，以高山植物为食。

● 高山兀鹫

> 鹰形目鹰科
> 近危 · 国家二级保护动物
> 常见于草甸、河谷、高山裸岩等各类环境，最为显著的特征是其长而裸露的头颈，常集群活动，日间高空盘旋寻找动物尸体或病残体，以腐肉为食。

● 胡兀鹫

> 鹰形目鹰科
> 近危 · 国家一级保护动物
> 喜开阔地，如草原、高地等，或有岩石或悬崖的地带。因其吊在喙下的“胡须”而得名，头颈部具有锈白色羽毛。性孤独，常独自在空中盘旋寻找尸体，一般不与其他猛禽争抢食物，往往最后独自取食骨头。

● 金雕

> 鹰形目鹰科
> 无危 · 国家一级保护动物
> 成鸟头部具金色羽冠，因而得名。主要栖息在崎岖干旱的平原、山区及开阔原野等环境，以中小型哺乳动物（啮齿类、狐、鼬等）、大中型鸟类（雁、鸡等）为食。

白斑翅拟蜡嘴雀
西藏棕熊
白唇鹿
马麝
白马鸡

高山峡谷疏林 / 高山灌丛草甸生境

知识点

人熊冲突

西藏棕熊也许是青藏高原上最令人畏惧的生物，甚至在部分牧民口中，见到熊几乎就代表着死亡。在青藏高原上的所有动物里，熊与人类的冲突最直接且剧烈。

20 世纪末，牧民开始定居后，在冬季牧场的固定房屋里常常留有食物，而嗅觉灵敏又聪明的棕熊很快就学会了通过扒房子来获取食物，大部分牧户的房屋或多或少被熊扒过，每年修缮房屋和家具的费用高达几千甚至上万，这对于普通牧区家庭来说是不小的经济负担。而最危险的是，棕熊有时会直接闯入有人的房屋进而伤人，虫草季时也时有挖虫草的牧民被熊袭击重伤或死亡的新闻传出。

对于当地牧民而言，棕熊像一个不好惹的邻居，与之和解是未来的希望，而磨合也是必经的过程。在青藏高原这个完整的生态系统中，人熊如何共存是一个永恒的命题。

水獭与淡水生态系统

水獭极善游泳与潜水，通过后肢和尾巴摆动的推动力，以波浪式起伏的姿态在水中活动与觅食，是水生生态系统的顶级捕食者和旗舰物种。在藏族文化中，通常认为有水獭栖息的地方河清鱼多、气候宜人、风调雨顺；水中的生灵皆是龙王的家畜，若有人屠杀水獭，猎杀者就会染上“隆病”（藏医体系中的三种病之一），冰雹、干旱和洪水等自然灾害也会随之而来。

在过去半个世纪中，中国境内的水獭经历了种群数量的急速下降和分布区缩减的境况，主要原因是河流开发、污染导致的栖息地丧失，以及人类对其大量捕杀以获取毛皮和身体组织。在 20 世纪末，因对藏族传统獭皮服饰的不当需求和攀比，水獭皮的价格不断升高，三江源地区的水獭遭到大量捕杀几近销声匿迹。幸得 21 世纪初许多环保人士奔走倡议，以及政府部门保护工作的大力开展，人们对动物毛皮制品的需求迅速减少。此后十余年间，得益于较好的环境基础、充足的食物资源，三江源地区的水獭种群逐渐恢复，重构起健康完整的河流生态。

物种介绍

金钱豹

- 食肉目猫科
- 易危 · 国家一级保护动物
- 罕见于海拔较低的河谷阔叶林及针阔混交林，善于爬树，日间有时会躲在树木顶部的粗枝上休息。夜行性，日间活动较少。主要以马麝、白唇鹿等有蹄类动物为食。我们平时说的豹子、豹、花豹，都指金钱豹。

猞猁

- 食肉目猫科
- 无危 · 国家二级保护动物
- 栖息于森林、灌丛、草原及高山山地等多种生境内，常于岩洞、石缝内栖身，无固定巢穴。白昼夜晚均活动，以晨昏更为活跃。主要以高原兔、旱獭、小型有蹄类食草动物和鸟类等为食。

白唇鹿

- 偶蹄目鹿科
- 易危 · 国家一级保护动物
- 栖息于海拔 3500 ~ 5000 米间的高山草甸和灌丛地带，接近林线。常在峡谷两侧的山林中穿行，也会聚集大群在海拔较高的高山草甸休息取食。仅分布在青藏高原，是世界上分布海拔最高的鹿类，也是我国特有种。

西藏棕熊

- 食肉目熊科
- 无危 · 国家二级保护动物
- 分布甚广，栖息于山区的森林带或草甸、流石滩等多种生境。会于10月底到次年3—4月冬眠。虽是杂食动物，但生活在三江源地区的棕熊以食肉为主，可捕食大型有蹄类，也常挖掘鼠兔、旱獭为食，同时也进食植物类食物；会掠夺雪豹、狼等其他食肉动物捕杀的有蹄类猎物，偶尔也会捕杀家畜，或闯入人类居所觅食。

白斑翅拟蜡嘴雀

- 雀形目燕雀科
- 无危
- 体大的黄黑色雀，一般栖于海拔3000～4000米以上的高山针叶林下层和森林灌丛中，喜结群活动，以植物种子为食。

河乌

- 雀形目河乌科
- 无危
- 栖息于森林和开阔区域的清澈湍急的山间溪流，善游泳和潜水，主要在水底和岸边的石头间及水面上找食水生昆虫等，也食水生小型无脊椎动物等及一些植物。

马麝

- 偶蹄目麝科
- 濒危 · 国家一级保护动物
- 栖息于海拔3000米以上的高山草甸、灌丛和裸岩，有固定家域和活动路线。独居，性胆怯，跳跃能力较强。成年雄性具有发达的上犬齿，且由于可以分泌麝香曾经长期面临较大的盗猎压力。在三江源传统文化中，认为马麝是健康的象征，是人和牛可以免于疾病威胁的保证。

白马鸡

- 鸡形目雉科
- 近危 · 国家二级保护动物
- 主要栖息于高山和亚高山针叶林和针阔混交林带，有时也活动于林线上林缘疏林灌丛，主要以灌木和草本植物为食，也食昆虫类动物性食物。

鹮嘴鹬

- 鸻形目鹮嘴鹬科
- 无危 · 国家二级保护动物
- 拥有红色长而下弯的嘴。栖息于山地和高原地区的多砾石河流沿岸，主要以蠕虫、蜈蚣及多种昆虫为食。

棕草鹛

- 雀形目噪鹛科
- 近危 · 国家二级保护动物
- 主要栖息于河谷旁疏林中，多于地面活动。以一些昆虫、草籽等为食。

藏鹀

- 雀形目鹀科
- 近危 · 国家二级保护动物
- 主要生活在青藏高原的高山草甸、草原和灌丛地带。领域性强，秋季迁移过程中经常发生争斗。

高原山鹑

- 鸡形目雉科
- 无危
- 栖息于高山裸岩、苔原高原、亚高山矮树丛和灌丛地区，会随季节垂直迁徙。在灌丛中奔跑迅速，受惊后主要以奔跑的方式逃窜。主要以高山植物为食，偶食昆虫等动物性食物。

欧亚水獭

- 食肉目鼬科
- 近危 · 国家二级保护动物
- 半水栖动物，栖息于江河、湖泊、高源湿地等水生环境，可分布至海拔4000米以上，在三江源地区栖息于河流生境，偏好流动的水体。掘洞而居，洞穴有多个出口，部分位于水面以下。以水中鱼类为主要食物，也捕猎鸟类、两栖类、螃蟹等小动物。

来自白垩纪的高原丹霞

1. 什么是丹霞

丹霞地貌是1939年陈国达以中国广东丹霞山为代表命名的一种特殊地貌类型，是一种具有陡崖坡的红层地貌，由产状水平或平缓的层状铁钙质混合不均匀胶结而成的红色碎屑岩，受垂直或高角度节理切割，并在差异风化、重力崩塌、流水溶蚀、风力侵蚀等综合作用下形成。通常拥有“顶平、身陡、麓缓”的形态特征，并且看上去赤城层层、云霞片片，有“色若渥丹，灿若明霞”之誉。

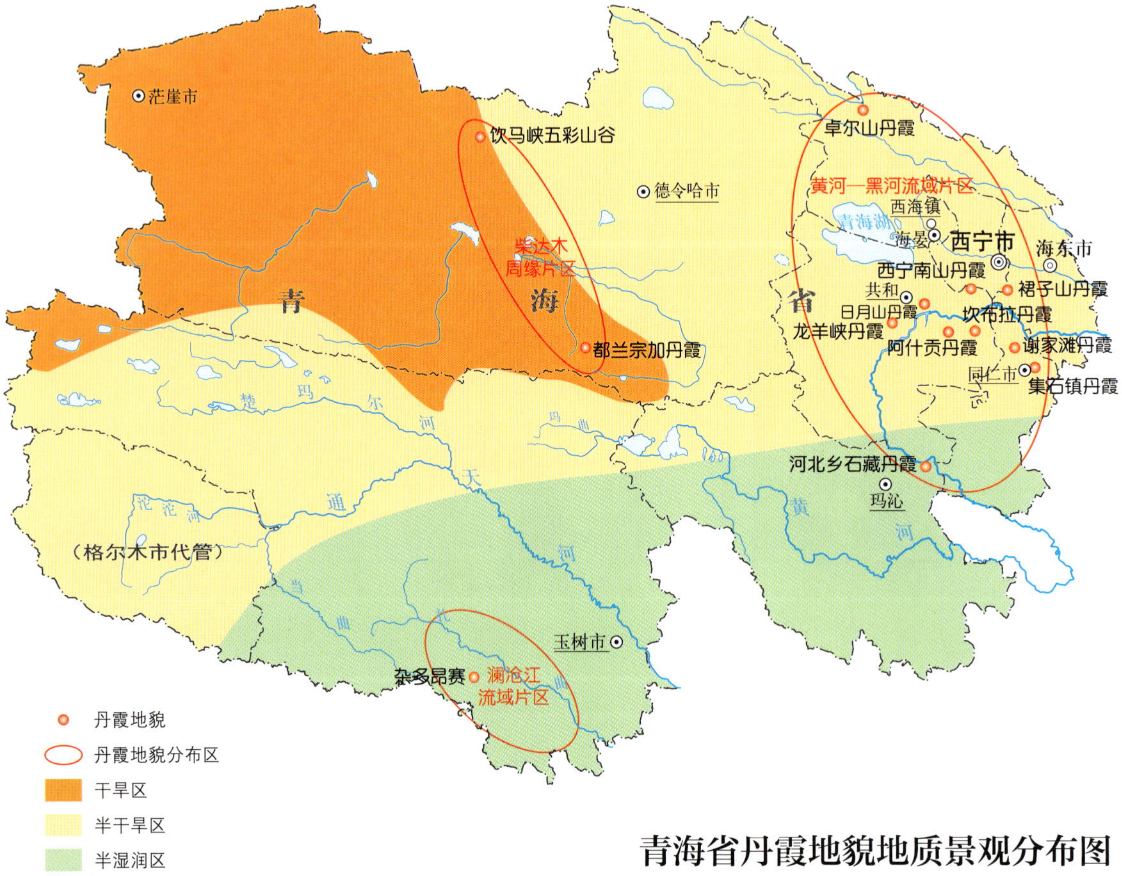

青海省丹霞地貌地质景观分布图

丹霞地貌是为数不多的以汉语拼音为前缀词注明的地理词汇，它绝非中国仅有，美国西部、中欧和澳大利亚等地都有分布，只是在中国分布最广。据统计，我国已发现的丹霞地貌达上千处，分布在全国28个省级区域，从热带、亚热带湿润区，温带湿润—半湿润区，半干旱—干旱区，一直延伸到青藏高原高寒区。这些主要发育在中生代红色陆相碎屑岩中，以中国东南地区的丹霞地貌发育最广泛且类型齐全。而青藏高原也发育了一些较典型的丹霞地貌，因其交通不便和气候恶劣一直未被发现，通常这些地点也具有部分独特的地貌景观组合类型。

其中，在杂多县昂赛乡境内发现了300余平方千米的白垩纪丹霞地质景观，被称作“青藏高原发育最为完整的白垩纪丹霞地质景观”，再加上与之不整合接触的石炭、二叠纪灰岩峰林景观，记录了澜沧江上游发育的河谷特征，显示出比较完整的草原—森林生态系统和生物多样性景观系统。昂赛乡丹霞由近于水平巨厚红色砂砾岩经长期风化剥离和流水侵蚀等作用形成，保留了青藏高原晚近地质活动痕迹，是唐古拉山脉与横断山脉过渡地带鲜有的地质景观。

2. 高原丹霞形成机制和今貌

昂赛区域位于青藏高原的中东部，大地构造属于北西向的青藏滇歹字型构造澜沧江褶皱带的唐古拉山复向斜北部，断裂十分发育，挤压剧烈。区域内以白垩纪为核，两翼为不整合接触的石炭纪和二叠纪灰岩，局部有中生代晚期岩浆侵入和第四系沉积，主体发育为一套巨厚石灰岩，区域内为红色砂砾岩和砂岩，其南北分别为唐古拉和巴颜喀拉造山系。

昂赛大峡谷裸岩景观

具体来说，昂赛乡丹霞的主体为白垩系错居日组砂砾岩互层，厚度较大，韵律清晰，具有成景的物质基础；地层产状平缓，地应力作用强烈，节理、裂隙发育，为流水侵蚀提供了通道，为成景提供了空间。距今约6500万年的新生代以来，地壳抬升，河流下切剧烈，这是成景的主要内动力。加之流水冲刷，气候变化，在物理、化学和生物等外动力地质作用下，从而雕塑成现今的地质地貌景观。

昂赛乡的丹霞景观有以下几个特点：

首先，与我国分布在温暖湿润地区的丹霞景观不同，位于青藏高原高寒区的昂赛，冰劈作用是非常典型和重要的外力作用。所谓冰劈作用，是指寒冷地区水在岩石的空隙或裂隙中不断冻结、溶解，导致岩石裂隙不断加深加宽，直至崩裂的过程。冰劈作用导致的岩石崩裂，断口会比较平滑，所以往往被传说成是神仙用刀剑劈出来的。

其次，“赤壁丹崖”是丹霞地貌最基础的特征，也是昂赛最突出的一种景观。近古河道的侵蚀岸或断裂碎屑带受剥蚀后形成了陡崖，陡崖呈直立状，坡度近90°。陡崖处发生崩塌，就会形成“身陡、麓缓”的地貌特征。

昂赛乡丹霞陡崖景观

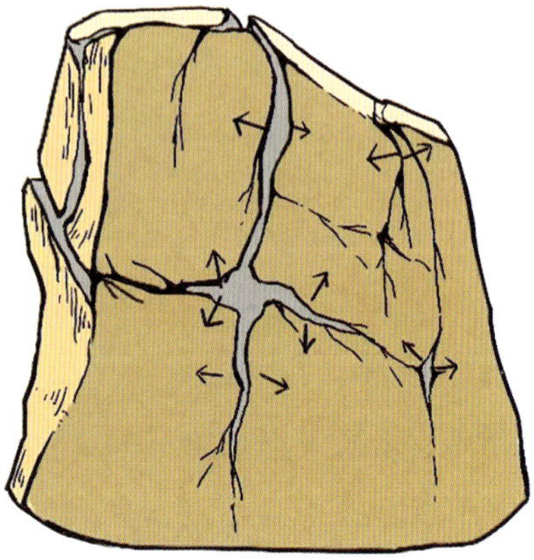

冰劈作用示意图

最后，地质运动又使部分原本近乎水平的岩层发生倾斜或产生褶皱，在地壳抬升过程中，岩层发生断裂，形成垂直节理，流水沿垂直节理进行侵蚀，就形成了两壁直立的深沟巷谷。巷谷继续侵蚀崩解，就形成峰丛、峰林、堡状残峰、石墙或石柱等独特的地貌景观。昂赛乡的红色砂砾岩层中还有不少颗粒状碳酸岩砾石和碳酸钙胶结物，碳酸钙被水溶解后会形成一些溶沟、石芽和洞穴，这又为昂赛乡丹霞增加了地貌景观的丰富性。

3. 独特性和研究意义

视频：
昂赛大峡谷景观

昂赛峡谷保留了三江源地区甚至是青藏高原发育最完整的白垩纪丹霞地质景观和晚近地质时期青藏高原不均匀抬升过程中的沉积缺失、岩浆侵入以及不整合接触剖面和地质构造痕迹，记录了澜沧江上游发育的河谷特征，显示出比较完整的草原—森林生态系统和生物多样性景观系统。昂赛大峡谷对青藏高原的形成演化以及对三江源地质环境与气候变化的研究具有重大意义，这是该景观的核心科学价值所在。

杂多县位于唐古拉山脉东段和三江源地区地质地貌的过渡地带，长江、黄河、澜沧江从这个过渡带上开始了塑造高山峡谷的过程，生态系统在此开始出现转折性变化，展示出多样化生机。昂赛区域是显示这种景象的窗口，也是保存完好的处女地。区域内丰富多彩的丹霞地质建造内容和地质剖面，给青藏高原东部和三江源地区地质演化与河流演变研究提供了重要场所和丰富信息。

昂赛的丹霞地貌、石灰岩冰缘地貌，以及它们所蕴含的新构造运动、气候变化、冰川作用、流水侵蚀、古柏森林、人类活动古迹等信息，为地貌学、冰川学、河流学、构造地质学、植物学、历史宗教和人类学等学科的研究，提供了一处极好的天然实验室；对青藏高原新构造运动、气候变化响应、第四纪地质、气候变化条件下的山地地貌演化等方面的研究，都有十分重要的价值。

丹霞地貌以其标志性的艳丽鲜红的砂岩赤壁，拔地而起的孤峰窄脊，地毯般的顶部平面，仪态万千、造型逼真的奇山异石，巨大的岩廊洞穴和优美的丹霞峡谷，组成了品位极高的景群。根据考察，昂赛可划分为果道沟峡谷、扎曲峡谷两个以峡谷河流为主的景

观带，以丹霞地貌为主的乌阿可—玛考—雪豹沟、东卡—日郎壳两个景群。除去各种造型各异、栩栩如生的丹霞景观，还有宽窄各异、曲折绵延的河谷地貌，以及相映成趣的如茵绿草与古柏森森的原始森林。

纵观国内外丹霞地貌，昂赛乡丹霞自有其独特性。昂赛乡丹霞景群海拔居中国甚至世界最高，在降水量相对贫乏而又以寒冻风化和风蚀为主的特性区域形成了如此大规模的水蚀丹霞地貌，从形成机制而言，为研究者提供了高海拔地区丹霞研究的一个新领域。

昂赛大峡谷丹霞景观

“绝处”逢生的澜沧森林

1. 高原深处隐匿的森林

澜沧江自青海杂多发源，沿途流经众多的森林草原、湿地湖泊，穿越高原、峡谷、山地、丘陵，出境后最终注入南海。根据人们固有的认知，雪域高原本是大江大河的发源地，山原高亢、环境苦寒，理论上应该没有森林生长其上。但是，在澜沧江源头，得益于大江深切高原而形成的峡谷和诸多支沟的庇佑，印度洋的暖湿气流一路北上，而冷空气被抵挡在外，使得大果圆柏可以生长其间，并沿着峡谷深入到高原中心。由它们构建出澜沧江上游最典型的寒温性常绿针叶林生态景观，并为众多的鸟兽提供了宝贵的栖身之地。

大果圆柏有着独特的自然禀赋，极其适应高原的自然环境。圆柏比云杉更耐干旱，又比冷杉更耐寒冷。在各种圆柏中，又以大果圆柏的适应性最为突出。大果圆柏林分布的高度也较方枝柏林、塔枝圆柏林、垂枝香柏林和垂枝柏林更高，生长的区域也更靠近高原西部的寒旱地带。它们甚至可以与高寒灌丛混杂生长，展现了大果圆柏们耐寒、抗旱的天性。

在青藏高原，大果圆柏林以澜沧江为中轴，东西延伸可达数百千米。这些树木虽然分布广泛，却又为高原所独有，因此也被称为西藏圆柏。大果圆柏林在高原深处的生长分布，基本伴随着高山深峡的走向。生长地带的自然气候也以高原山地气候为主。由于雪山的层层阻隔，当地的年平均温度多在摄氏零度以下，年降水量也比森林需水量的下限 800 毫米稍低一些。

大果圆柏林在青藏高原不同区域、不同海拔均有

青藏高原独有的大果圆柏，也叫西藏圆柏。

分布，整体的规律为西低东高、北低南高。在西侧的喜马拉雅山南坡可低至3200米，并与喜湿的墨脱冷杉混生。在东侧的西藏自治区昌都市八宿县吉达乡海拔高达4900米，形成了世界上海拔最高的森林。而澜沧江源的大果圆柏林，多数生长在海拔3500～4400米区域。

大果圆柏一般生长在山地的阳坡和半阳坡，而同区域的阴坡和半阴坡多数生长着云杉林。如果环境变得更加恶劣，大果圆柏就得退缩至阴坡和半阴坡了，此时的山地阳坡和半阳坡往往没有森林分布，只能生长各种高寒灌丛或高寒草甸。

2. 大果圆柏林的生态特征

澜沧江附近的大果圆柏林位于整个大果圆柏林分布范围的腹心，森林外貌空旷而疏松。由于其适应性很强，即便是在更贫瘠的土壤甚至砂石地，它们也能扎根其中，茁壮生长。在澜沧江源头的大果圆柏林多数为矮林或者疏林，在较为干旱的区域逐渐过渡为灌木林，并与高山柏、香柏和滇藏方枝柏等混生。这种灌木化的群落外貌，显然是圆柏们对极端环境的一种适应。毕竟在如此风高雪急的高原之上，长得太高显然是需要消耗更多营养的。

澜沧江源区的大果圆柏疏林

澜沧江源区的大果圆柏林中的树木通常高 2 ~ 7 米。虽然大果圆柏既不高大也不粗壮，但是许多树的年龄都超过了 200 年。大果圆柏林的密集程度不高，属于森林中十分稀疏开阔的类型。夏季森林的景观外貌是深绿色的，远远望去像是镶嵌了许多绿色圆球。群落的立体结构很简单，树木物种很少，林下的灌木也不发达。群落的物种组成中，科一级以菊科、蔷薇科和龙胆科为多，属一级以委陵菜属、龙胆属、香青属、忍冬属、马先蒿属、蓼属和棘豆属为盛。

大果圆柏林结构松散，其中的树木物种基本只有大果圆柏，且幼苗很少，更新不良。灌木物种的高度一般在 0.6 ~ 1.4 米，占地面的比例只有 10% ~ 30%。常见物种有蒙古绣线菊、高山绣线菊和细枝绣线菊等。草本植物高度一般为 5 ~ 30 厘米，覆盖地面的占比在 15% ~ 30%。而在水分较多的区域，例如山的阴面，可能会更高。常见的草本物种有四川嵩草、矮生嵩草和糙野青茅等。林中基本没有附生植物和寄生植物，偶尔有大花绣球藤和松萝悬挂其中，远眺十分美丽。

3. 澜沧江源区森林的生态功能与保育利用

青藏高原被誉为“亚洲水塔”，是包括澜沧江在内的诸多大江大河的发源地。大果圆柏林作为青藏高原广泛分布的一种森林，是高原山地生态系统中至关重要的代表性物种，也是全球林线分布的上限。大果圆柏不仅仅是我国的特有物种，同时也为诸多珍稀濒危生物提供了赖以生存的栖息地，具有维持生物多样性、保持水土和调节气候等诸多的生态功能。据统计，澜沧江源区生长有蕨类和石松类植物 11 科、裸子植物 3 科、被子植物 64 科。三江源地区整体单元的特有属有 19 个，特有种 100 种以上，珍稀濒危植物有 40 多种。明星物种——华福花的模式标本即采自囊谦县。

大果圆柏林是高山峡谷深入高原腹地的核心生态系统，是维持三江源生态功能的重要一环。但伴随着区域人口的逐渐增长，当地对薪炭木材的需求愈发凸显，加剧了对大果圆柏林的干扰。并且，大果圆柏木材紧致且具有特殊香气，是制作藏香的重要原材料，这也加剧了对现存大果圆柏林的蚕食。在森林增量方面，当地牧业为主的生产背景，使得牧民有意维持草场现有面积，而不愿增加森林覆盖。加之大果圆柏幼苗相对喜湿耐阴，一旦大果圆柏林转为疏林或小斑块状态，其自然更新将受到显著抑制。目前，有针对性地对区域适宜生境进行保育以及限牧、禁伐，对于保护高原上的大果圆柏林具有较大的现实意义。

澜沧江源区峡谷中最为常见的大果圆柏矮林

昂赛大猫谷的兽类“网络”

1. 认识大猫谷中最著名的“大猫”

灵活“毛绒猫”

雪豹是所有豹属大猫里体形最小的一种。在青藏高原的寒冷环境中，雪豹演化出了适应高寒环境的一系列特征。雪豹拥有所有大猫中最厚、最长的毛发，冬季腹毛甚至可长至12厘米，可以有效保暖；烟灰色或奶黄色装饰着较为稀疏豹纹的毛色，与岩石上的地衣特征极其相似，使其与周围的裸岩环境融为一体；其头骨又宽又短而顶部隆起，扩大的鼻腔有助于加热并湿润高原寒冷、干燥的空气，同时加大每次呼吸的吸氧量；其上下颌骨可以张开到70°以上，能够有效咬住岩羊等山地有蹄类的粗脖颈，圆形的犬齿可以从各个方向发力，便于从陡峭的悬崖上捕食猎物。除此以外，雪豹的肌肉和骨骼构造独特，有助于在陡峭地形中加速、转身、跳跃与从高空跳落，尾巴与身体等长，便于保持平衡及绕身取暖。

视频：雪豹

雪豹

雪豹分布

海　拔 > 5800
米 / 上限可达
900
米 / 下限可达

家域大小 > 12 ~ 4500
平方千米

迁徙能力 > 30
千米 / 日迁徙能力

猫中“徐霞客”

雪豹分布海拔上限可达 5800 米，下限可达 900 米。早期的无线电颈圈研究发现，雪豹的家域大小差异很大，从尼泊尔的 12 ~ 39 平方千米，到蒙古国的 4500 平方千米。根据山水自然保护中心在三江源国家公园澜沧江源园区开展的雪豹调查和研究，园区内的雪豹密度约为每 100 平方千米 1 只。雪豹的迁徙能力较强，日迁徙能力可达 30 千米。成年雪豹一般保持独居，但 2 ~ 5 只雪豹群体也会在交配季节或母豹带崽时出现。同性雪豹之间有着较强的领域性，雄性雪豹的家域大于雌性，异性之间的家域重叠区较大，重叠区的异性则是潜在的交配对象。

目前几乎没有雪豹主动攻击人类的记录，由于保护意识逐渐增强，隐秘、温和的雪豹也开始成为一些当地人最喜爱的兽类。不过这并不代表雪豹不危险，作为一种大型野生猫科动物，雪豹有着锋利爪牙，不论对于有蹄类动物还是人类来说，与其相遇时仍然需要格外小心。

3 只雪豹家域对比图

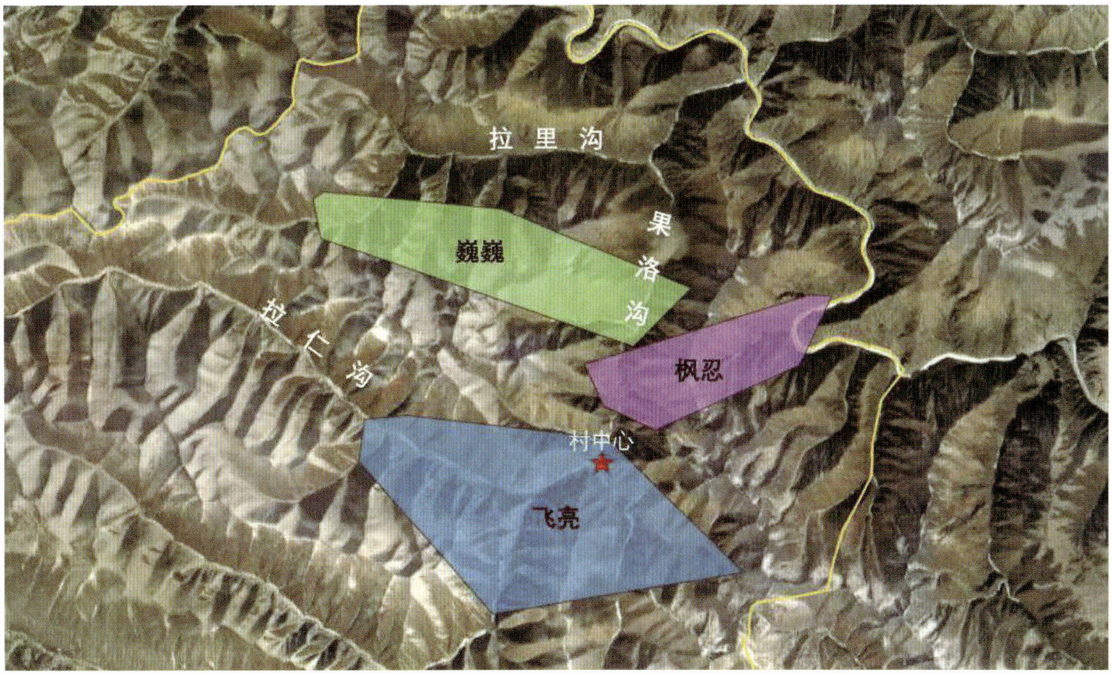

温顺小兄弟

在三江源地区的传说中，兔狲、猞猁和雪豹是三兄弟。由于父母早亡，孝顺的老大兔狲早早担起生活的重担，哭出两道“泪痕”，个子也长不高了；老二猞猁个性淡漠，独来独往，神出鬼没；而老三雪豹受尽宠爱，性情温和，长得最高大也最好看。

兔狲

国家二级重点保护野生动物，体形大小似家猫。耳朵短宽，耳尖圆钝，两只耳朵距离较远。全身淡黄白色，脸颊上有两条细黑纹，下颏则是白色，腰和臀部有六七条隐约可见的暗色横纹。尾巴端部圆钝，与身上颜色相似。

兔狲的栖息环境是灌丛草原、荒漠草原、荒漠与戈壁，也能生活在林中。兔狲在上述生境的岩石缝隙或石洞居住，也会利用大型啮齿类（如喜马拉雅旱獭）的弃洞作窝。栖居高度可达海拔 4500 米左右的山地。

猞猁

猞猁是国家二级重点保护野生动物，是猫科动物中较大

从左到右依次为：兔狲、猞猁、雪豹

型的一种。尾巴很短，通常不及头体长的1/4。猞猁的四肢粗长而矫健，耳尖生有黑色耸立簇毛，两颊有下垂的长毛。上体浅棕、土黄棕、浅灰褐、麻褐色，或为灰白而间杂浅棕色调；腹部是浅白、黄白或沙黄色；尾端则是黑色。

猞猁是夜行性动物，喜欢独居，善于爬树，常常利用林中的小径、倒木和裸露的岩石伏击捕猎。它的栖息生境极富多样性，从亚寒带针叶林、寒温带针阔混交林到高寒草甸、高寒草原、高寒灌丛草原及高寒荒漠与半荒漠等各种生境，均有其足迹。栖居高度可由海拔数百米的平原到5000米左右的高原。巢穴多筑在岩缝石洞或树洞内。以鼠类、野兔等为食，也捕食小野猪和小鹿等。

2. 科研监测揭秘大猫谷的兽类食物网

澜沧江畔的昂赛大猫谷具有复杂且多样的高原生态系统。在这里，垂直和水平的生态系统相互交错，形成了各种形态的微生境。这些微生境不仅为不同体形的捕食者提供了藏身之所，也为各种猎物创造了适宜的栖息环境，构成了错落有致的食物网。

由于这里的野生动物行踪大多非常隐蔽，很难以直接观察的方式了解它们的真实状态。目前，主要通过红外相机监测来记录野生动物的活动轨迹和习性。此外，还应用分子遗传学方法对食肉动物的食性进行了详细研究，获得精细的食物网取食关系。

研究发现，在中小型食肉动物中，藏狐和兔狲是高度专性捕食者，它们主要捕食高原鼠兔。而赤狐是兼性捕食者，它的食性多样性与当地的食物资源多样性密切相关。在三江源地区的8种食肉动物研究中，我们发现赤狐具有最高的食性多样性，每个地点均检出了10种以上的猎物，这些不同的猎物对赤狐来说都是重要的食源。相比之下，藏狐和兔狲则更加依赖于高原鼠兔这种特定的食物资源。

野生有蹄类是三江源地区雪豹的主要猎物类别，而小型哺乳动物在雪豹的食性中占比普遍较低。此外，雪豹的整体食性组成在年份和季节间较为稳定。研究结果表明，与世界上大多数研究报道的雪豹食性整体结果一致，但与以家畜为主要捕食对象的其他一些地区（如印度和巴基斯坦）的雪豹种群不同，三江源地区的雪豹不是造成家畜损失的主要食肉动物。这与当地牧民的观点和调查结果一致，即雪豹捕食导致的家畜损失低于其他食肉动物尤其是狗和狼的捕食带来的家畜损失。

此外，研究还发现，在三江源地区的多种大中型食肉动物中，狗和狼对家畜的取食比例高，暗示着该地区这两种食肉动物对家畜存在较大威胁。因此，准确识别出取食家畜的主要食肉动物物种，是保护工作中关键的一环。

雪豹

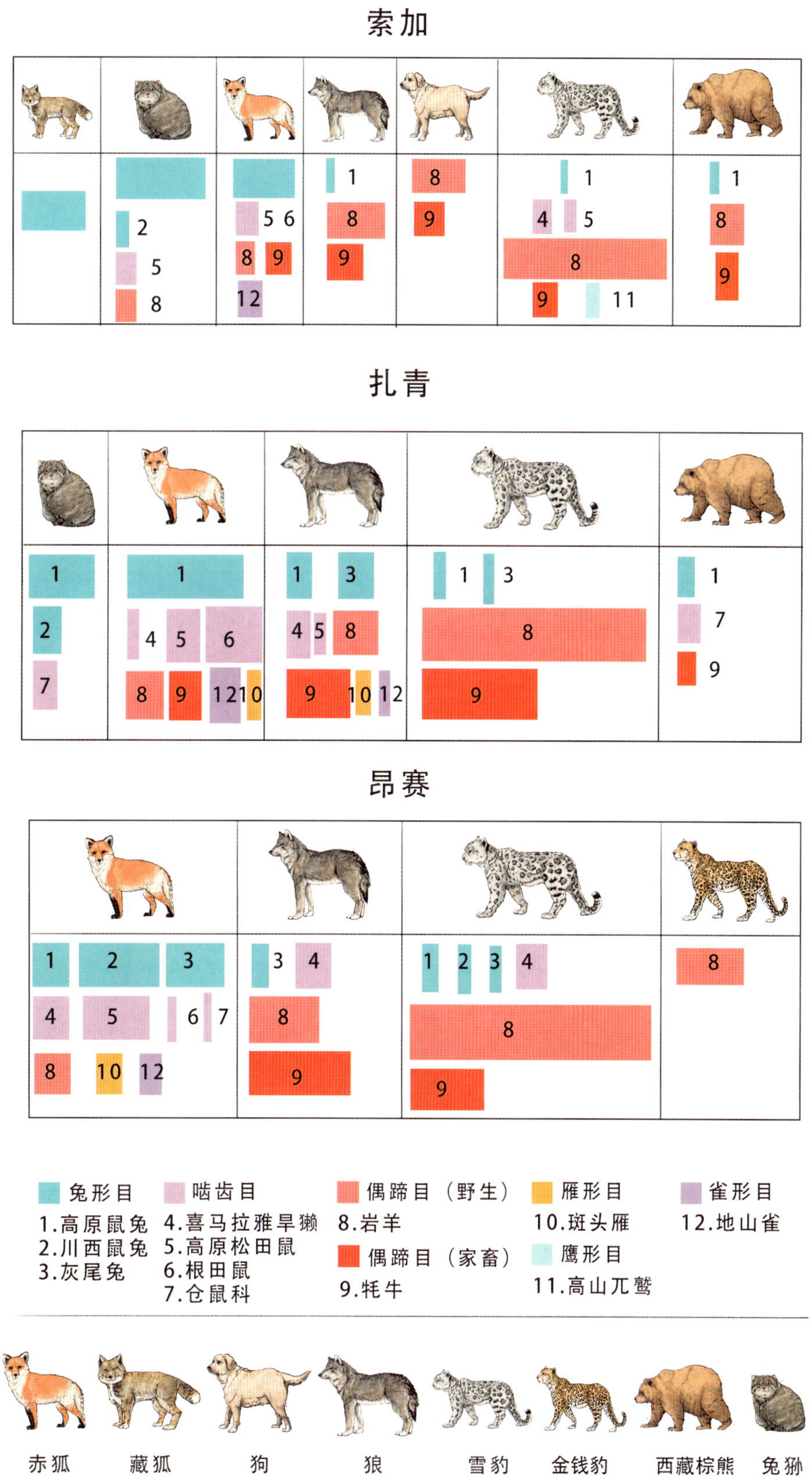

三江源地区 3 个研究地点食肉动物及其食物间的取食关系

食物横条宽度显示在不同食肉动物食性中的比例，颜色显示食物物种在目水平上的分类。

很多人对西藏棕熊的食性的认识可能会有些模糊，认为它们只吃植物或者只吃肉。事实上，它们的食物来源既可以是动物，也可以是植物。而且，不同地区的棕熊的食性也存在差异。一般来说，棕熊是以机会主义捕食者的形式出现的，这意味着它们会根据当地食物资源的可用性和丰富程度来决定自己的食谱。与此同时，环境因素也对棕熊的食性产生较大的影响。例如，在低温、低植物生产以及积雪覆盖深的地区，棕熊更倾向于取食脊椎动物，而较少取食植物。而在其他一些地区，棕熊更可能会依靠植物作为主要食物来源。通过对三江源地区研究表明，该地区的西藏棕熊主要以动物为食，包括岩羊、牦牛、喜马拉雅旱獭和高原鼠兔等。这些研究结果，不仅为我们了解棕熊的生态习性提供了重要数据，同时也强调了环境因素对动物行为和适应能力的重要作用。

总的来说，不同食肉动物物种通过在猎物多样性、体形大小和利用比例上的差异，产生物种间营养

“两豹”中国分布示意图

生态位的分化，可能有助于它们在青藏高原的严酷环境中稳定共存。这些研究结果让我们重新认识了这些神秘而又迷人的食肉动物，为保护这些野生动物和它们所处的生态系统提供了科学依据和参考。

3. 罕见的两豹同域分布

全球现存约 41 种形态各异的猫科动物。如今，分布在中国的三种“大猫”境况各不相同，虎、豹已经退出了绝大多数的历史分布区，而雪豹在人迹稀少的高寒偏远之地，保有相对安全和完整的广阔栖息地，是中国种群最完整和最健康的“大猫”。青藏高原虽不是金钱豹典型分布地，但在海拔不太高、森林条件比较好的地区，也有金钱豹出没。

在三江源地区，金钱豹的分布区域的海拔相对雪豹而言更低，它们可以较好地适应峡谷中的疏林和灌丛生境。其中，昂赛大峡谷就是少数的金钱豹与雪豹共存的区域：两种大猫同时出现在海拔 4000 米左右的丹霞巨石、大果圆柏林、高山灌丛和高山草甸生境中，这是昂赛生态系统复杂多样且完整健康的有力证明。多年来，保护工作者也着力于保护这两种大猫，顶级食肉动物可通过营养级联作用维持整个地区生态系统的稳定。一旦某个地区生态系统的完整性受到破坏，往往最先消失的是食肉动物，因而食肉动物的多样性与数量，反映着生态系统是否健康。

金钱豹形态

- 肌肉发达的身体、功能强大的爪子和强大的颚——能够轻易杀死和肢解猎物。
- 长而敏感的胡须——适合夜间狩猎。
- 眼睛上方的长毛——有助于保护眼睛，在灌木丛间移动时不至于被刮伤。
- 肩部和前肢大量发达的肌肉——非常灵活的登山者，也有助于爬坡和把猎物拖到树上。

在三江源地区，雪豹的野生猎物主要为岩羊，以及喜马拉雅旱獭、鼠兔这些小型哺乳类动物，有时也会进食植物；而金钱豹的食谱则更加广泛，会捕食包括岩羊、白唇鹿、马麝在内的多种有蹄类动物。除此之外，在一些地区也会存在两豹捕食家畜（家养牦牛、山羊、绵羊等）的情况，而这导致的人兽冲突就会成为两豹种群共同的潜在威胁。

金钱豹

与国外一些两豹同域分布的情况相比，澜沧江源区的雪豹和金钱豹的关系更加紧密，而非“井水不犯河水”。在地形缓和、植被多样、生境交错分布的昂赛大峡谷，二者的潜在栖息地交叠程度很大，金钱豹与雪豹可以前后脚走到同一棵树下，漫步同一块巨石之上。尽管金钱豹也会大量捕食岩羊，利用同样的栖息地与食物，但由于其种群数量仍然较少（截至 2022 年，在昂赛共记录到了 80 只雪豹、12 只金钱豹），还不足以与雪豹抗衡，或许这也是维系二者“表面和平”的关键。

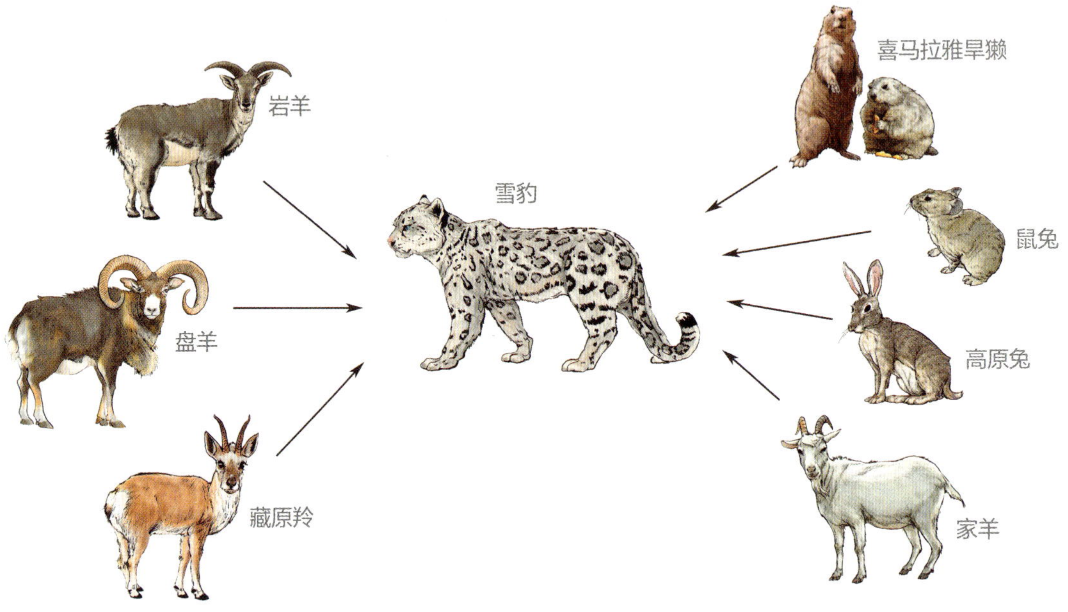

雪豹食谱构成图

雪豹和金钱豹的共存区域，主要还是在树线附近，它们在各自生态系统中的作用并不能相互替代。它们各自的健康程度，反映了高寒山地和森林两个生态系统的健康程度。对两种豹类的保护，实际上就是在保护生物多样性。我们每多保护一个物种，让其能健康繁衍，从而发挥其在生态系统中的作用，都是在给未来的不确定性多保留了一种可能的解决方案。两种豹的存在不仅仅是代表它们本身，也代表了健康的食物种群、有韧性的生态系统，这种韧性对抵御变化带来的冲击是必要的。

同一点位的雪豹和金钱豹（红外相机照片）

山地峡谷的飞羽天堂

1. 澜沧江源区的鸟类观赏

澜沧江自源头往东南，途经杂多县、囊谦县，地势逐渐下降，水热逐渐上升，在进入横断山脉之前，江河就已切出了相对纵深的沟壑与峡谷，与西北边的广袤草原和遥远石山形成了鲜明的对比。中国西南的湿润水汽沿着这些雕刻的沟壑渗入高原，孕育出包括山地针叶林在内的多种植被类型，与此同时也为适应这类生境的物种提供了栖居之所。明显的垂直差异带来了丰富的群落结构，其中值得一提的莫过于各异的鸟类了。

随着山地植被的垂直变化，鸟类的类群组成也有所不同。在海拔稍低的针阔混交林地带，斑尾榛鸡、白马鸡、血雉、黄喉雉鹑等中大型雉类可能会成为转角的惊鸿一瞥，而树间可能还隐藏着白脸䴓、欧亚旋木雀、花彩雀莺、凤头雀莺、藏鹀、棕草鹛等较为有特色的小型鸟类的身影，偶尔听到敲击树干的声音，那可能是黑啄木鸟正在宣示它的领地；继续向上，高山杜鹃灌丛里，白眉山雀可能正在抓捕飞虫，藏雪鸡会在草甸和流石滩附近流连，领岩鹨、藏雀等可能正在岩石上奋力鸣唱。除此之外，这些南北纵深的沟谷也会成为候鸟迁徙的天然通道，在迁徙季会给你带来意想不到的惊喜。

在鸟类中，雉类恐怕是最吸引人的类群了，观鸟圈里流行着“一鸡顶十鸟”的说法。倘若你在清晨的曦光或傍晚的暮色中瞥见一群身影，或鬼鬼祟祟地穿过灌丛引起一阵窸窣声，或大大咧咧地跑过马路，你雀跃的心情便能向你解释这说法的各种含义。斑尾榛

斑尾榛鸡

黄喉雉鹑

鸡，中国特有的一种雉类，仅分布于甘肃、青海、四川等地的林区，是国家一级保护动物。它体形较小，满布褐色横斑，黑色的喉部外缘白色，头顶常常有明显的冠羽。主要以柳、榛的鳞芽与叶，云杉种子，以及其他植物的花序、叶、嫩枝梢为食，也会捕食昆虫及蜗牛、蜘蛛等无脊椎动物。它们通常单独觅食，夏季多活动于林下地面，冬季在低海拔混交林或灌丛带集群，于树上活动。由于它斑驳的体色和树栖的习性，想要在茂密的林中一睹其真容确实有一定难度。

相比之下，同样作为中国特有种和国家一级保护动物的黄喉雉鹑，可能就略微易见一些。鸡如其名，黄喉雉鹑有着明显的黄色喉部，眼周的猩红色裸皮分外显眼。它们主要以植物的根、叶、芽、果实和种子为食，也捕食少量昆虫。黄喉雉鹑体形比斑尾榛鸡大，不同于斑尾榛鸡对树枝的偏爱，它们更常成对或集小群在林间地面取食，只夜间到较低的树枝上休息。黄喉雉鹑善于奔走，较少飞行。它还有一个亲戚名为雉鹑，因喉部羽毛为暗红色，又叫红喉雉鹑。雉鹑也是中国特有种和国家一级保护动物，可能由于它性情的胆怯和机警，目击记录较少。

若运气不佳，前面提到的都未能一见，至少还可以期待一下草坡灌丛中奔袭的白马鸡。它一身白羽，头顶则为黑色短羽，眼周裸皮和脚呈现出猩红色，蓬松的尾羽常为黑色。不同地区的白马鸡白羽白的程度会有一定的区别，这与它们复杂的亚种分型有很大关系。虽然也是被列进国家二级保护动物的中国特有种，但白马鸡并不怕人，你可经常于寺院、村落甚至城郊见到。所以，当你累了坐在绿茵茵的草地上歇脚时，或趴在车窗看流动的风景时，不妨多留意一下落在草丛中的“白云”，说不定那就是一

白马鸡

群白马鸡正在懒洋洋地晒太阳呢!

除了这些大体形的雉类，林中也有不少小鸟值得关注。藏鹀，是一种在普通人眼里像个麻雀，却又仿佛比麻雀稍显鲜艳的小鸟。头顶和脸颊为黑色，眉和喉部为白色，眼线还有一抹棕红，背部呈鲜红栗色，上胸有黑带，下胸至腹部纯灰，整体对比度很高，在野外很有识别度。作为国家二级保护动物的中国特有种，又是在三江源部分地区狭域分布，藏鹀吸引了许许多多国内外赏鸟人前来寻觅。这种小鸟领域性意识很强，繁殖季节雄鸟常在灌丛枝头等醒目处鸣唱，因此大部分赏鸟人都能看到。另一种较为特别的中国特有种是棕草鹛，也是国家二级保护动物中的一员。它全身棕色，嘴长尾长，常在地面活动觅食，颇像活跃、好动的老鼠在草丛中乱窜。它们不太怕人，见到人时不像其他鹛类那样躲入灌丛深处，往往仅飞到十米开外处继续活动。

藏鹀

棕草鹛

茂密的云杉林里还有许多其他不同类群的小鸟。花彩雀莺体形娇小却色彩斑斓，总是敏捷地穿梭于枝杈和灌木间，偶尔像鹟一样在空中捕食飞虫。同属的凤头雀莺比花彩雀莺更依赖杉树林，虽然整体颜色没有花彩雀莺那么斑斓，但雄鸟的灰盖头依然惹人注目。凤头雀莺常单独或集小群在针叶树枝杈间跳跃觅食，偶尔也与其他小鸟如山雀等混群觅食。它们性情都颇为羞怯，如果想在云杉林中见到它们，务必悄声前行。

同在枝头跳跃的，还有长相几乎一样的柳莺们。四川柳莺属于体形最小的那类，体长只有 9~10 厘米，不盈一握，在角度合适时可以用望远镜观测到它的两道白色翼斑、白色的眉纹、头顶的顶冠纹和白色的腰；暗绿柳莺、淡眉柳莺、华西柳莺、凤头雀莺之类稍大一些，色彩上或偏橄榄绿，或偏灰绿，或像华西柳莺

花彩雀莺

凤头雀莺

有明显的黄色腹部可供辨认；更大一些的可能就是褐柳莺、棕眉柳莺，二者通体为灰褐色，无甚明显的特征。对于这些外形相似的柳莺们，最有效的识别方式莫过于仔细聆听它们的鸣唱和鸣叫，所以要想在野外完成区分，必须提前做好预习工作。

此外，还有各式各样的红尾鸲和岩鹨，若正值繁殖季，会有它们的幼鸟无惧地乱窜；而近处斑驳的树皮上，也许正攀着一只完美融入环境的旋木雀；遥远的森林里，可能传来锈胸蓝姬鹟如梦境般缥缈的歌声。高原之上的林区虽比不上西南山地丛林的丰富多彩，但里面多样的物种风貌依然对人类有着足够的吸引力。

淡眉柳莺

北红尾鸲

2. 推荐观赏物种

藏鹀

藏鹀

IUCN 濒危等级 > 近危

身长 > 约16厘米

体重 > 25～30克

藏鹀是鹀属中一种麻雀大小的鸟，是三江源生物多样性王冠上的明珠之一。这个物种目前只分布在澜沧江、怒江和长江上游的青藏高原东北部及青海南部省界附近的一小块地区，在地球上其他地方还没有存在记录。

虽然它是中国特有的物种，但最早是由俄国人向科学界描述的。1900 年，俄国将军兼探险家彼得·库兹米奇·科兹洛夫（Peter Kuzmich Kozlov）在西藏昌都北部探险时捕获了这种鸟的标本。该标本由俄罗斯鸟类学家瓦伦丁·比安奇（Valentin Bianchi）鉴定，并于1904年被命名为一个新物种，学名为Emberiza Kozlowi，将它划分为鹀属的一员，以纪念彼得·库兹米奇·科兹洛夫。

藏鹀的雄鸟头部有醒目的黑白色短羽，雌鸟与雄鸟相似，但头部没有黑白色短羽。藏鹀栖息在海拔3600～4600米的相对贫瘠、陡峭的山坡灌丛中，如枸子等矮小的高山灌木。在繁殖季（6—8月），雄鸟会鸣叫，这种鸣叫与戈氏岩鹀相似，后者是与藏鹀同域分布的另一种更为常见的鹀类。因此，在高海拔地区识别鸣叫的鹀时，需要谨慎区分这两个物种。

藏鹀属留鸟，大部分时候驻于栖息地，但在天气恶劣的情况下其分布的海拔可能会有一些下降。在繁殖季它们主要以昆虫为食，在冬季也吃植物种子。它们在地面上觅食，通常成对出现，冬季结小群。

该物种目前被归类为“近危”，一是由于它的分布范围有限，二是由于它的生态环境和分布都鲜为人知。在昂赛，该物种在较高的山坡上分布相当稀少，它们独特的鸣叫声常常暴露它们的存在。据了解，在暴风雪期间，它们会集结成20只以上的大群，从山上飞到牧民家中，与褐岩鹨和鸲岩鹨等其他类似体形的物种一起，在建筑物和家畜牦牛中寻找庇护和食物。

棕草鹛

棕草鹛

棕草鹛是一种相对不那么显眼的普通棕色鹛，其喉部呈浅灰色，喙为黑色。与藏鹀一样，棕草鹛也是一个狭域分布的物种，只分布在中国青藏高原的一小部分地区，最早也由俄国将军和探险家彼得·库兹米奇·科兹洛夫向科学界描述，随后被俄国鸟类学家瓦

棕草鹛

IUCN 濒危等级 > 近危
身　长 > 27.5～30 厘米
体　重 > 100～125 克

伦丁·比安奇以探险家的名字命名。

尽管分布范围很小，但棕草鹛有两个亚种：一种分布在西藏东南部，一种分布在西藏东部和青海东南部。

棕草鹛栖息在海拔 3650～4500 米的混交林和灌丛中。它被认为是留鸟，没有明显的季节性迁移，但它的具体活动仍然不为人所知。棕草鹛喜群居，最可能遇到的是 10 只以上的群体，通常在地上觅食，在灌木丛和低矮的植被中快速移动。它的叫声很嘈杂，群体经常发出刺耳的尖叫声，有时让人想起喜鹊，但叫声比喜鹊更多变且不间断。关于棕草鹛的饮食，目前所知不多。人们认为它吃植物种子、水果（包括浆果），春夏还吃昆虫。

该物种被归类为“近危”，主要是由于它的分布范围非常小，其分布地偏远且不易到达，因此被认为没有重大的灭绝危险。在昂赛，该物种并不常见，但由于其嘈杂和群居的特性，遇到时通常具有明确的辨识性。靠近澜沧江及其支流的稀疏杜松灌丛是观测它们的好地方。熟悉它们的叫声可以帮助发现它们，因为它们即使结成大的鸟群也可以在灌木丛中快速移动，从而导致很难观察到它们。

白马鸡

这是一种很难认错的大型野鸡，它体羽大多为白色，有黑冠、红脸颊和深色的、浓密而蓬松的尾羽。两性相似，但雌性个头稍小，体羽颜色较深，且腿后无距（雄性在跗跖后部生有角质突起称作“距”）。它们的腿和脚的颜色是鲜红色的。幼鸟体羽较灰，上下有水褐色、栗色和深褐色的斑纹。它们的羽毛颜色在白色和石板灰之间变化，可能是受其分布地区的地理环境的影响。

白马鸡栖息在海拔 3500～4300 米的亚高山针叶

白马鸡

IUCN 濒危等级 > 近危

身长 > 75～96 厘米

尾长 > 46～58 厘米

雄性体重 > 2350～2750 克

雌性体重 > 1400～2050 克

林、桦树、杜鹃花丛中，但在冬季曾有低至海拔 2800 米的活动记录。它们喜欢生活在离水比较近的地区。白马鸡是群居物种，通常成群活动，有时集群多达几十只甚至几百只。它们喜欢活动于杉树、松树及柏树林地和灌丛附近的开阔地带，主要以浆果、果实和野生葱属及类似植物的根状茎和球茎为食。

通常它们只有在受到威胁时才会飞行。在这些情况下，当拍打翅膀起飞后，它们大多是向低处滑翔逃生，且往往会滑行很长的距离。我们经常能听到白马鸡的叫声，它们响亮而刺耳的叫声在很远的地方都能辨识到，且在清晨和傍晚时分最频繁。在昂赛，这个物种经常在路边遇到，而且距离可以很近。

白马鸡

短暂而绚烂的高原之花

1. 澜沧江源区的植物观察

澜沧江源区是青藏高原森林植物的交汇过渡带，因受横断山和喜马拉雅植物区系影响及华东植物区系成分的侵入，形成了高原多样性生物环境和独特的高山生态系统；涵盖了森林、灌丛、草甸、草原、荒漠、垫状植被、高山流石坡稀疏植被以及沼泽、水生植被等多种植被类型，具有重要的水源涵养、径流汇集以及生物多样性维持的生态服务功能。

源区为典型的高原大陆性气候，无四季区分，只有冷暖两季交替，干湿两季分明，年温差小，日温差大，日照时间长，辐射强烈。冷季为青藏冷高压控制，长达 7 个月，热量低、降水少、风沙大；暖季受西南季风影响产生热气压，水汽丰富，降水量多。由于海拔高，绝大部分地区空气稀薄，植物生长期短。

澜沧江源区有众多高等种子植物，种数约占青海野生种子植物总数的三分之一，其中中国特有种占比达 50% 以上。

拓展阅读

物种的返青时间是判断气候变化影响的重要指标。有研究发现，气温升高在青藏高原主要体现在冷季温度的升高，而这会促进植物提前返青，与此同时，植物枯黄的时间也会相应地提前，这在整体上表现为生长季节缩减。因此，有研究者担心这些现象可能会影响植物和传粉昆虫间的合作关系，并最终导致部分物种因为不能成功授粉而出现局部消失的情况。

2. 植物的四季

春（4 月中旬至 5 月底）：高原的 4 月仍被风雪笼罩，零下的低温（4 月记录的极端低温可达 -38°C）及昼夜的温差仍无法使绝大部分的植物正常萌发，但此时报春花科的植物已然在枯黄的萧瑟中展开花瓣，铺展在草地上。它们的花瓣颜色多样，以粉白、紫色、紫粉色及黄色为主，这些极小却又鲜艳的“羊羔花”

杂多点地梅

钟花报春

管花马先蒿

只在足够靠近时才愿意让人们知道它们的生命力。

常见物种为点地梅（就是本地人常说的“羊羔花”）、钟花报春（具芳香气味）等。

夏（6月中旬至8月中旬）：夏天是高原最美好的时节，6月下旬高原的最低温逐渐上升至0°C以上，这是植物细胞完成正常生理过程的最低温度，绝大部分生物加入到生长和繁殖的大部队当中，把各自的基因尽全力扩散在这片土地上。为了成功地完成开花结果，植物进化出了多样的策略。其中马先蒿属的植物是澜沧江源区的重要伴生种，现有记录达42种之多，它们通过各异的花形吸引昆虫传粉。

明星物种为绿绒蒿属植物。

秋（8月中旬至9月下旬）：斑斓的秋季是澜沧江最美的礼物，一片片灌丛、草甸交叠在温暖的昏黄里，层次分明。在生长期末期，当绝大部分物种全力把剩余的能量用于种子成熟和地下营养积累时，星状风毛菊、青藏龙胆绽放在秋末。植物通过调整开花时间来提高存活率，是高原植物生存的又一重要策略。牧民在长期的生活经验中观察到这一现

琴盔马先蒿

全缘叶绿绒蒿

多刺绿绒蒿

象，并将其作为判断草原入秋的依据。

明星物种为青藏龙胆、星状风毛菊。

冬（10 月至次年 4 月初）：漫长的冬季是所有生长在青藏高原的植物面临的重要挑战，地下茎和根成为多年生植物延续生命的重要方式，它们在根茎部积累淀粉、糖等能量以抵御寒冬。

拓展阅读

除了冬季，高原的植物需要在一年其他三季抵御低温和强紫外线带来的伤害，因此在叶片上披银色棉毛、形成蜡质层、花朵多为蓝紫色、形成“温室”的苞片等都是植物保护花粉的重要策略。

青藏龙胆

星状风毛菊

3. 如何观察植物

植物通常有6大器官：根、茎、叶、花、果实和种子，其中根、茎、叶均是植物的营养器官，花、果实及种子为其繁殖器官。在我们观察植物时，除了根不易看到外，其他的器官均可成为我们的观察对象。

配套“工具”：

我们的器官——眼睛、鼻子、手、嘴（有些植物有毒或致敏，需慎重）；

器官的延伸——器材记录（单反、微单、卡片机或手机）；

澜沧江源区/三江源地区植物图鉴（或植物鉴定APP/小程序，如“花伴侣”）。

观察记录：

在野外观察植物时，先别着急鉴别是什么物种，而是认真地观察对象植物有哪些明显的特征、在什么环境生长等，这对于观察者认识植物有重要帮助。在完成整体的观察之后，再对各特征进行详细甄别，将有助于我们更明晰、更深入地理解高原植物是如何适应多变的环境条件的。

独一味（左）和藏玄参（右）对比照片

叶 是植物的营养器官，也是最易辨识的特征。在观察时可以通过叶形、叶缘、叶尖、叶基及叶片的排列进行辨识。当通过花形及花色辨认植物出现困难时，

叶形

可用叶片辅助识别。当然，有些植物的叶形相似，较难判断，此时我们就需要从花或果实来区别，如藏玄参和独一味（花序和花色差异明显）。

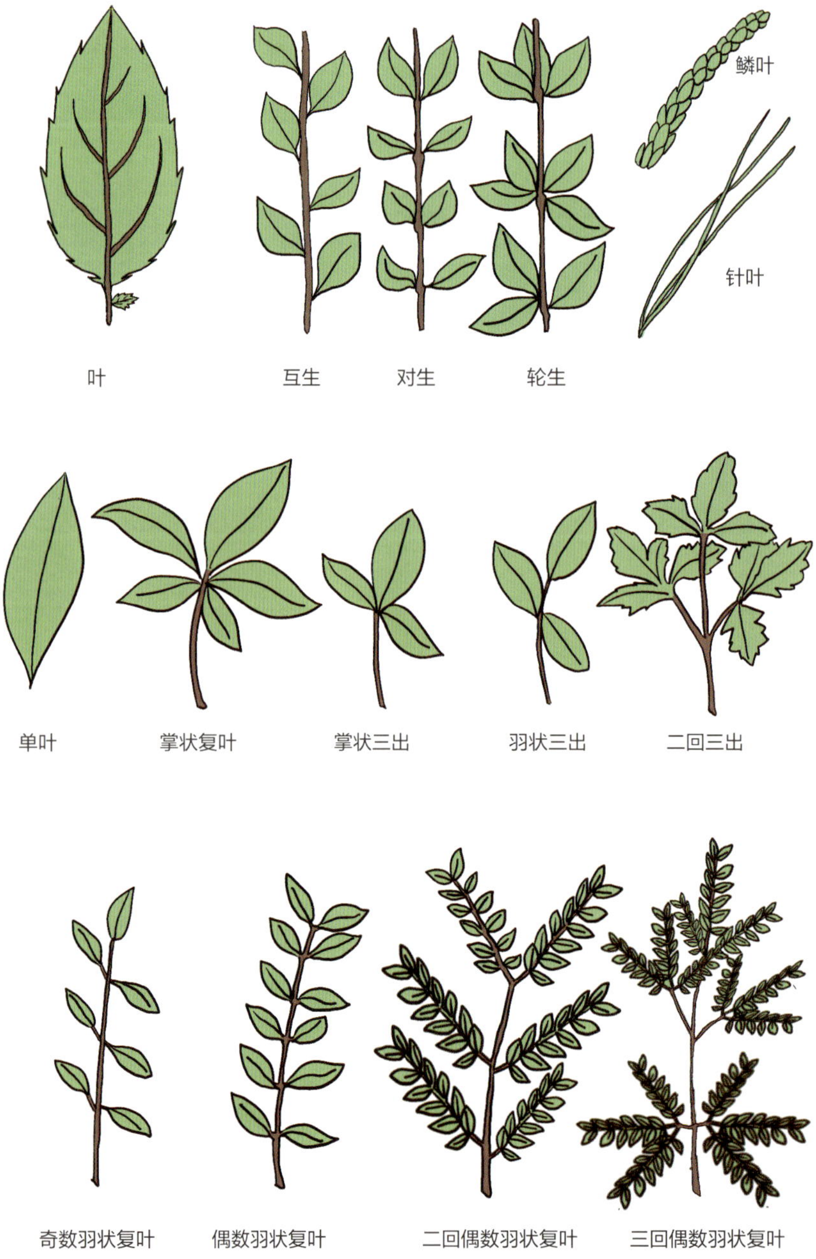

叶序

花 是植物的繁殖器官，同时也是最重要的鉴定依据，包括花序、雌蕊、雄蕊、花萼、花托等。我们可以通过花序及花形区分植物的科属，如菊科多为头状花序，但如果你对所观察的植物种有鉴定需求，则需要根据花的上述特征做细节记录（正面、背面细节图）。

花序类型

果实 是植物的繁殖器官，集中出现在8—10月，是草本植物延续生命的重要方式，也是我们在野外鉴别物种的重要依据。

植物的种子和果实类型

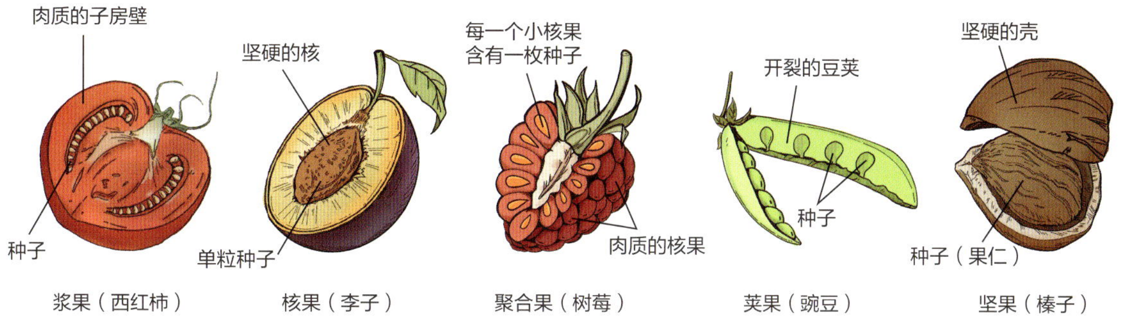

茎/树干 通常是植物运输营养和水分的主要通道，也是植物获取阳光进行光合作用的支撑所在。不同种类的植物茎，反映的是植物不同的生存策略。

茎干类型

周围环境 观察目标植物的生长环境并做文字或影像记录，有助于我们准确地鉴定物种。例如有些植物喜欢生长在水分充足的环境，如湿地或河流旁边，而有些植物却对极端环境非常适应，如岩石或沙石等土壤极少的环境。

注意事项：濒危植物可衡量保护区是否受到良好的保护，也会影响生态系统的稳定性。因此，在观察植物前了解相关生态学知识，不要肆意破坏或采摘。

与每种生物的相遇都是灵性的邂逅，因此上述的植物鉴定指南只是基础面，它们能给予的能量和情感远不止知道叫什么名字、属于哪一个科属那么简单。在以不破坏植物为前提的自然体验中，我们既可以是“先听说海再去看海”地去寻找“心中所系”，也可以是“不知道海，直接去感受海”给予的“独一无二”，这也是极美妙的体验。

4. 植物观察入门——独特的马先蒿

马先蒿属是列当科的半寄生植物类群，全世界有

600 种以上，中国占其中近三分之二。西南山地和青藏高原是该属的多样性中心，分布着大量的特有种，仅在昂赛乡，就至少有 23 种马先蒿。

马先蒿属的花多样性高、扭曲纠结、传粉特殊，大多数非常漂亮。其结构为二唇形，上唇的两个裂片对折在一起形成盔状，把雄蕊和雌蕊夹在里面；盔的前端往往延伸成喙，盔和喙还会扭曲成各种奇异的形状，进而产生了不同的传粉适应机制。虽然种类很多，但马先蒿鉴定起来相对简单，可通过分辨叶序、喙的有无和花冠管的长短，区分为以下几类：

叶互生、无喙

叶互生在马先蒿属里是一个比较原始的性状，可证明这一点的是，花冠特化程度最低的种类都是叶互生的。例如：

硕大马先蒿：中国特有种，分布于青海东部、四川北部和甘肃。它是马先蒿属里最高大的种之一，能长到 1 米高；

欧氏马先蒿：马先蒿属分布最广的种，亚欧大陆和北美都有，南至喜马拉雅山脉，北至北极圈内。这个种的形态也非常多变，不过盔前端的红褐色是比较稳定的性状。

叶互生、有喙、盔有毛

盔的前端延长并逐渐变细，形成了喙，喙的前端就是雌蕊柱头所在的地方。这个类型的盔背面长出了密集的毛，可能在吸引传粉者方面有特殊的作用。例如：

绒舌马先蒿：分布于青藏高原东缘，在高山草地、灌丛和疏林中比较常见，在昂赛它和圆穗蓼、甘青微孔草以及另外几种马先蒿一起构成了“五花草甸”；

毛颏马先蒿：中国特有种，分布于甘肃、青海和

硕大马先蒿

四川交界区域的高山草甸中；

毛盔马先蒿：分布于青藏高原东缘和横断山区，这是马先蒿属盔部的毛最为茂盛的种类之一，喙也比较细长，且被不完全张开的下唇包裹着，它和它的传粉昆虫之间可能为较独特的关系。

毛盔马先蒿

叶互生、有喙、长花冠管

这个类型既有原始的性状（互生叶），也有高度特化的性状（长而扭曲的喙和很长的花冠管）。例如：

拟鼻花马先蒿大唇亚种：拟鼻花马先蒿的原亚种分布在中亚，而它的大唇亚种则从河北一路向西分布到西藏，在潮湿草甸比较常见，这个种的花冠管不是特别长，兜状的下唇和S形扭曲的长喙很容易识别；

普氏马先蒿：中国特有种，分布在甘肃、青海、四川和西藏，该命名是纪念俄国博物学家 Nikolai Przhevalsky，他于 1870 年在青藏高原东部地区采集了大量动植物标本，其中包括后来以他名字命名的普氏野马，这个种的花色比较多变，由最初的盔部紫色变到整个花冠都呈紫色，而喙端二裂是比较稳定的识别性状；

普氏马先蒿

凸额马先蒿：中国特有种，分布于青海东北部、甘肃西南部与四川北部，在受到一定程度干扰的草地中非常常见，常沿着公路传播，下唇的黄色外浅内深、盔顶端有鸡冠状的凸起是它的识别特征；

长花马先蒿管状变种（斑唇马先蒿）：马先蒿属中花冠管最长的种类之一，在高原湿地经常形成大片黄色的花海，管状变种的下唇上有两个红褐色的斑点，易于识别；

管花马先蒿：另一个花冠管很长的种，生境和长花马先蒿类似，有时会出现在同一个群落里。花紫红色，花冠下唇内部的颜色通常比较浅。

全叶马先蒿

叶对生的种

叶序由互生到对生和轮生，在马先蒿属的多个分支里出现了平行演化，所以仅凭这个性状来判断亲缘关系并不合理，但可用它来识别物种。例如：

琴盔马先蒿：非常矮小的一个种，植株高度一般不超过10厘米；

聚花马先蒿：在昂赛的山坡草地和灌丛里能看见这个种，比较矮小，只有圆穗蓼的一半高；

全叶马先蒿：这个种因其长喙而识别度相当高，大多数马先蒿的盔或者喙都往一侧偏斜，但这个种基本是维持在花的对称面上。

叶轮生、无喙

轮生叶的马先蒿中，有一些种的上唇没有明显的喙，花冠管在萼筒内向下唇方向弯折，继而在盔的基部又向上弯折而使整个花冠管呈现之字形，这些种构成了一个属下分类等级“之型花群”。这个类型的特化程度不高，种间的形态差异也不大，但种类很多，鉴定起来比较困难。例如：

皱褶马先蒿：是之型花群中比较原始的一个种，它的花冠管弯折程度不高，下唇有明显的皱褶，还有几条深色的条纹可以起到蜜导的作用；

退毛马先蒿：青海新记录种，这个种叶片和萼片的特征比较明显；

岩居马先蒿：中国特有种，生活在海拔5000米以上的流石滩上，植株很矮小，但根非常发达，长可达20厘米以上，直径最粗者可达10毫米；

罗氏马先蒿：与前者形态类似，但没有那么强壮的根，生活在高山草甸里，生境相对前者更舒适，花冠下唇开展，靠近喉部的区域为黄白色；

甘肃马先蒿：非常常见的中国特有种，在受到中等程度干扰的草地上大片生长，识别特征是花后膨大成球形的萼筒以及比花蕾长、在花序顶端明显可见的苞片；

四川马先蒿：中国特有种，在四川和甘肃比较常见，青海略少，这个种的变异幅度也很大，但基本上花序都是上下一样粗的圆柱形；

碎米蕨叶马先蒿：分布从青藏高原直到中亚，是一个非常多变的种，植株形态、高度及花的颜色和大小等性状都有很大的变异幅度，在湿草甸和流石滩边缘的个体乍看迥异，但花序类似，尤其是由盔端向前延伸形成的短喙；

三叶马先蒿：中国特有种，分布区从内蒙古经甘肃到青海，生活在高山灌丛和多石的草地里，这个种的花色是很深的赭红，在海拔4800米的地方接近黑色，

三叶马先蒿

其花冠管弯折的地方高于萼筒且只弯了一次，所以并不是之形花群的成员。

叶轮生、有喙

阿拉善马先蒿：中国特有种，分布于内蒙古、青海、甘肃等，昂赛还有阿拉善点地梅的变种杂多点地梅，以及很多分布区类似的物种，提示我们从内蒙古高原经黄土高原到青藏高原有明显的植被连续性；

半扭卷马先蒿：中国特有种，远看跟阿拉善马先蒿有点像，但细看能发现喙比前者要扭曲得多，这个种多半也是沿着公路和河流扩散，植被好的地方反而看不到。

阿拉善马先蒿

澜沧江源头第一乡——扎青乡，牧民刻嘛呢石来祈福。

3 鲜为人知的江源人文

大自然的馈赠，孕育了一方风土人情，受特殊的地理环境因素影响，当地人习惯穿藏袍、吃糌粑、喝酥油茶。日常生活以饲养牦牛、羊等为主，部分人家也会种植青稞、芫根等农作物。饮酒、跳舞、赛马等活动是他们辛苦劳作之余的娱乐活动。

这片古老土地上延续着原住民们千百年来的传统智慧和文化信仰。对于他们来说，山川河流、鸟兽草木皆蕴藏着神灵，他们虔诚地敬仰这些自然生境。受到传统藏传佛教的影响，当地人会转山进行祈福，沿途的石壁上也常有佛教文化相关的石刻。

了解、尊重当地原住民的生活方式、宗教习俗和赋予信仰意义的自然生境，是非常重要的。

从格仲宝地到秘境禅乡

澜沧江正源扎曲流经的第一个县是杂多县，也被称为“澜沧江源第一县”，“杂多”意为扎曲河源头。杂多县位于青海省南端、玉树藏族自治州南部，古为羌地，吐蕃王朝时玉树属苏毗或孙波弥。历史上，玉树曾有过70个部落，至1732年演变为40个，到20世纪中叶落定为25个，史称“玉树二十五族”。而过去的杂多地区由两个部族统领，分别为格吉部落和仲巴部落，在元朝中期时，这两大部落逐渐形成自己的管辖范围。大致而言，杂多县城以东以北多属格吉部落地区，平均海拔低于西部，并有高山环绕，适合鹿群繁衍生息；而县城以西以南多属仲巴部落地区，海拔高，多处为沼泽湿地，适合野牦牛繁衍。

扎曲从杂多县昂赛乡流出，就到了遍布河谷高山的囊谦县，“囊谦”意为“内大相”，是吐蕃时期的职官名称。吐蕃帝国自公元841年左右开始崩溃后，这里即为半独立状态，此后“囊谦加宝”（意为囊谦王）一系逐步取得了玉树大部分地区的统治权，开始了长达600多年、沿传二十代的世家统治。现在的囊谦县是玉树藏族自治州、青海省乃至全国的宗教大县，有各类藏传佛教寺院和宗教活动点百余座，活佛、堪布百余名，入寺僧尼近万人，占全县总人口的近十分之一。由于囊谦海拔较低、水热条件好，可耕地面积占全州耕地总面积的一半以上，是全州的农业大县，曾被称为“玉树粮仓”。

就整个青藏高原而言，藏族地区有三大自然地理区域，即上部阿里三围、中部卫藏四如、下部朵康六

扎西拉吾寺，格鲁派寺院，位于青海省玉树藏族自治州杂多县。

拓展阅读

青海的部落制度在近代以前并未受到很大影响，保留得较为完整。由于地理、历史、历代中央王朝的羁縻政策需要等因素，直到 20 世纪 50 年代，青海部分藏族牧民仍然生活在部落组织当中，即使到今日，部落制度依然在现在的传统村落中保有明显的痕迹。

在复杂多变、交通不利的高原环境下，高原先民依血缘或地理位置就近联合形成一个集体，共求生存与发展。部落所在的区域或草原均为部落及部落神共有，牧民可按先后顺序或数家约定使用；而部落制度的“公共性”和游牧生活的“自由性”，使当地社会中家庭功能减弱，人们的社会活动性加强，对部落、社区、寺院、环境等都呈现出很强的关心倾向和参与热情。

岗。在三大自然地理区域中，康区位于下部朵康六岗。康巴地区位于卫藏和安多之间，正如“康”字本意所指，处于政治、宗教的边缘地带，与卫藏和中原地区相比，具有一种天然的自由和松散氛围，在 1300 多年的历史中，形成了追求自由、崇尚英雄、行为侠义、活在当下、信仰多神的“康巴文化”。

不过，不论是杂多还是囊谦，人们的日常生活仍然由藏文化中最典型的若干要素组成，如牦牛、佛教、格萨尔王……它们就好像牧民家每天吃的糌粑中要放的酥油、每天喝的浓茶中要加的盐巴，只有从这些最司空见惯但又最不可或缺的要素出发，才能真正体会独属于当地文化的特色。

澜沧江源的衣食住行

青藏高原的高海拔、稀薄空气、充足日照及冰雪狂风，构成了这片土地独特的环境特点，同时也影响着这里人们的生产结构和衣食住行。澜沧江源区是三江源地区最靠南的部分，位于藏北高原和藏东高山峡谷的北侧，而杂多县与囊谦县恰好分属“西三县”和“东三县”。来自印度洋的暖湿气流自横断山脉深入扎曲峡谷，使得青海省“南大门”的囊谦成为潮湿、温和的“小江南”，然后穿过昂赛乡发挥了最后一点余力，在杂多县城的边缘留下了一些零星的柏树；此后

气候与环境逐渐干冷，直到莫云、查旦，几乎已经接近可可西里的边界。

从东南到西北，气候与环境的渐变导致农业到畜牧业的渐变，进而使得当地的人文历史和日常生活又有了一些微妙的差异。澜沧江源区是以畜牧业为主体的区域，兼顾少量的农业，畜牧业以饲养牦牛、绵羊等为主，而农业生产主要是种植青稞、土豆、芫根等。

在当地人的饮食中，肉和糌粑仍然是传统主食。糌粑汉语称为“炒面”，是把青稞翻炒熟之后，再进行磨制。糌粑的食用方法比较简单，可与酥油、曲拉等拌食、舔食或干吃，在游牧生活的过程中便携而不

杂多县扎青乡的牧民在聚会

易变质。同理，风干后的牦牛肉也因其热量高、便携易食而成为牧民最喜爱的食物之一。

随着运输条件的改善，如今牧民也会买很多的水果和蔬菜，饮食习惯也趋于多元化。不过，由于在青藏高原能够吃到蔬菜的机会很少，人们将主要产自囊谦县的“芫根”和草滩地里的“蕨麻”（人参果）视作最养生和健康的食物，偶尔自己食用或用来招待客人。

在今日的城镇街头，仍然可以看到为数不少的当地人穿着藏袍，不仅仅是因为作为传统服饰的藏袍美观大气，还因为其在多变的高原气候下具有很强的保暖性和实用性。藏袍具有腰襟阔大、袖子宽长的特点，面料包括棉布、绸缎、氆氇，天冷可防风保暖，天热便褪去袖子上衣、系在腰间。男性的袖子要比女性的长很多，因为男性不需要做很多细致的工作，并且经常在外奔波，着长袖便于保暖。在三江源地区，藏袍曾以水獭皮毛来防水和装饰，在服饰的改良和动植物保护工作的影响下，如今动物皮毛已被彻底替换。

有位建筑学者说过：“无法与大地割裂开的，才是建筑。”澜沧江源区因自然人文环境的差异，各地民居和建筑也呈现出不同的特点。牧区多为帐篷，包括古老的牛皮帐篷和新近流行的帆布帐篷，而最传统的也最具代表性的便是黑帐篷。首先把牦牛毛捻成毛线，再织成长条形褐料，然后将褐料缝缀在一起，中间用木棍高高挑起，四周再用石块压牢，褐料干松湿紧的特性使其成为牧民御寒的最佳选择。此外，传统的牧区房屋还包括草皮垒房，是由一块块草皮垒砌出来的简易住房。

草原上常见帐篷，而山区则多石房，农区多土房，林区多木房，土石混合建筑是玉树市最普遍的建筑形

拓展阅读

关于玉树地区传统建筑的层数有一个古老的传说。在很久以前，被战神格萨尔王打败的群魔纠集在一起，化作飞沙走石席卷高原，牧民的牛羊、农田的庄稼、散居草原的帐篷都时时遭受着风灾的肆虐。格萨尔王为了解救苦难中的百姓，招来七星兄弟挖土刨石，连夜建造了一幢高大、坚固的三层碉楼，并叮嘱人们，一楼圈牲畜，二楼住人，三楼供佛。于是玉树地区的房子就这样按照“神”定的标准如雨后春笋般拔地而起，人们也从此不再畏惧那肆虐的风暴了。而七星兄弟也已在藏族地区各地建造了一座座这样的碉房。每当晴朗的夜空中闪烁着明亮的北斗七星时，老人们会微笑着告诉孩子，那是七星兄弟又在别处为人们盖房子呢。

囊谦县澜沧江岸的一处白塔

式。土石建筑一般为三层，“屋皆平顶”，墙体由石块、石片、土块、垒草皮块筑成并用夯土工艺建造。这种藏式建筑的墙体大多为承重墙，因此，楼层越高墙基就越厚实，将建筑的重心降至低点，可以提高房屋稳定性和抗袭力。为了保证墙体承重力，一楼墙体上的窗口设计得最小，窗户随楼层层数变高不断变大，顶层窗体基本可占大半面墙。从整体看，整座建筑呈现出下宽上窄的梯形状。而且传统墙体会随着楼层的增高，用轻型材料来减压，如囊谦县的部分农区和林区建筑，楼内的隔断墙就大量运用了柽柳编墙技艺。

除了民居采用这种工艺外，还有大量气势恢宏、美不胜收的藏传佛教寺庙。藏传佛教寺庙通常会有不同的颜色主体，比如萨迦派的寺庙会呈现出红、白、黑三色，代表文殊、观世音和金刚手三位菩萨；房顶的檐瓦之下，还会见到一层染成赭红色的柽柳枝条。在砌筑之前，先将枝条捆扎成块，之后用铡刀将两头切成平整的面，紧实地铺在土石墙体上，这样做不仅美观庄重，也是为了减轻顶部墙体的重量。

如将目光转向居住环境之外，我们还能看到山岩上描绘的岩画。早在新石器时代，玉树地区就已经有先民通过石刻来记录和表达生产生活、宗教信仰与思想情感。比如，在昂赛乡一些地方的岩画中，我们可以看到远古时代盘羊、白唇鹿乃至豹和人类的互动，了解这些野生动物及与之相关的狩猎历史和文化，以及它们曾经在人们的生活中扮演着的重要角色。

摩崖石刻和嘛呢石则是继古代岩画之后出现的一种刻石习俗，主要反映了玉树先民的宗教信仰，至今还在民间持续发展。在江源大地上，随处可见山崖石壁上大可几人高的范围内，或嘛呢石上小则一掌宽的石面上，刻着六字真言、佛经、佛像等。

牦牛群里的生活

澜沧江源区的民众经营着以牦牛为中心的游牧生活，这种生活的时序也是牦牛生息的时序，由琐碎生动的每一天组成丰硕充实的每一年。来到澜沧江源区，可以像个真正的牧民一样过一天牧家生活，如果赶上一年中的好时候，也可以与当地人一起欢度节日、玩乐出游。

牧场的一天

牧场的日常更多地由女性或年轻男性负责，通常的一天是这样度过的：早上 5:00—7:00，做家务，捡牛粪，吃早餐；8:00—10:00，挤牛奶，同时需要解开或拴住小牛以控制其喝奶的时间，最后分群赶牛，然

杂多县昂赛乡牧民挤奶场景，挤出的牛奶会卖到市场上或者自家留着喝。

后回屋稍事休息；10:00—13:00，打酥油或熬曲拉，吃午餐；15:00—18:00，午间休息后，开始上山赶牛，由于这里很大一部分区域是山区，地形较为复杂，抵达牛群所在的地方或找到全部的牛需要体力、眼力和经验；18:00—21:00，休息，吃晚餐。除了这些必要的日常，牧家的生活还包括与亲朋喝茶聊天，养马的可能会去喂马、遛马或者进行换马交易。实际上，夏季牧场的牧民会更忙，大多数时候一天要挤四次牛奶，时间从凌晨4点直到晚上8点左右。

拓展阅读

赶牛回圈后，拴牛也是技术活——平时野放在山上、无需特殊照料的4岁以上大公牛，如果混入牛圈就要赶出去；1岁以上4岁以下的小牛、当年未生产的母牛和当年生产的母牛分别拴在不同区域；当年出生的小牛要拴在牛棚里。因为天气较冷，有时需要给在室外的牛披上旧衣物或棉被保暖。

牧家的每日饮食通常遵循这样的组合：早餐为糌粑或饼子；午餐可能是炒菜和米饭，其中一定会有炒牦牛肉；晚餐一般是康巴面片，或只吃一些酸奶。有时，牧家也会炖牦牛肉或煮肉肠，这些也都是难得的美味。当地人通常会在客厅的桌上常年摆着风干肉、麻花、饼子等食物，喝的是咸口的热茶或奶茶。实际上，在牧区没有严格的一日三餐时间，重体力劳动和较为寒冷的气候需要时常补充能量，通常是只要觉得饿了就会吃一点。

牧区饮食以牛羊肉为主，辅以碳水类食物，偶尔也会有蔬菜。

牧场的一年

在牧场，每一年都是人类和牦牛共同演绎的协奏曲。3—4 月，冬寒尚未散去，牧民会仍然住在海拔较低的冬牧场房屋里，这段时间也是小牛集中出生的日子，生育和冬寒使此时的牛群最为虚弱。5—7 月，从 5 月开始，牧民们会迁徙到海拔较高的夏牧场，通常距离很远，甚至没有手机信号，有时车只能开到附近，需要动用摩托和马等运送物资，赶牛要走 1 ~ 2 天时间。在高山上搭起帐篷，此后的两个月间要在周边频繁迁移。与此同时，有冬虫夏草的村子已经开始准备冬虫夏草期间的设卡和管理了。一般来说，5 月中旬会正式设卡，持续整个 6 月至 7 月中旬，每家都会在放牧和采挖冬虫夏草间有所分工，这也是一年中牧民们最为忙碌的时段。8—10 月，牧民们陆续搬到秋草场过渡，后再搬回冬草场，此时也是牦牛合群的季节。11 月至次年 2 月，其中 11 月是宰牛的季节，此时牦牛享受了一夏的丰茂水草，正值膘肥体壮之际，

牧区黑白帐篷。黑帐篷是牧区传统帐篷，用牛毛编织搭建而成，操作复杂。近年来，白帐篷更多地出现在牧场上，它们是用帆布等简便材料搭建而成。

音频：格吉萨三扎

每家将宰 2~5 头牛作为一年的肉食储存；此后天气逐渐变得寒冷，人们都开始了猫冬和聚会的日子，少部分家庭还会选择到更加温暖的低海拔地区过冬。

春夏之交或冬虫夏草季后，在这草原最美也不太忙碌的季节，牧民会携家带口、呼朋唤友地在各处风景优美的草滩上、河湖边扎帐篷，聚会游乐。如今“露营”在各地盛行起来，殊不知在市郊或草原上露营是江源人由来已久的习惯。现代轻便帐篷、印花防水布的白帐篷或牛毛编织的黑帐篷交错散落，人们白天放声高歌饮酒，傍晚围着篝火跳锅庄舞，有时进行小型赛马，或摔跤、抱石举重、牛鞍上倒立舔酸奶等传统竞技活动。除此之外，更隆重的藏历新年、赛马会、沐浴节等民间节日，也都值得参与和体验。

玉树民间素有“东三县的舞，西三县的歌”的说法，西三县的杂多县以“格吉萨三扎”闻名，是格吉部落最具特色的一种有多种唱法和系列性的传统音乐，常用的喻体有花草树木、飞禽走兽、日月星辰、山川河湖、风雨雷电以至历史人物等，音调悠长，音域宽广，节奏自由。而东三县的囊谦县以“卓舞”闻名，是古老的康巴藏族原生态的歌舞，集表演和娱乐为一体。表演时男女分列，围成一圈载歌载舞，表现出很多游牧、农耕、狩猎及图腾崇拜意味的动作，既可在宗教仪式、传统喜庆佳节上表演，也可随时随地即兴抒发表演。如能在节庆或聚会中与当地人共同载歌载舞，将会为你的高原之行增添最明亮的一抹色彩。

神山圣湖的山水文化

实际上，在藏族民间传统文化的宇宙观中，雪域高原上不仅生活着人类和非人类的动物，还有普通人一般感知不到的各种非人生命。这些不同形态的生命栖居在同一空间的不同世界中，彼此差异又相互联系。

在藏语中，有“情器世界”的说法——挪就སྣོད་བཅུད།，“挪”指“容器”，“就”指容器中的“内容物”。前者是生命的生存环境，后者是生活其中的生命，相当于汉语的“外器世界”和“内情世界”。情世界是有情众生共同组成的社会，而器世界是由地、水、火、风四大种元素所构成的环境，包括雪山、草原、森林、岩石、湖泊等。当地群众认为，情器世界的数量众多，形态各异，可至微亦可至大。

就情器关系（生命与环境）而言，主要存在两种观点。一种当地群众认为外器是支持者，内情是被支持者，没有了容器就无法承载内容物，换言之，没有环境就没有生命，生存环境的好坏将会影响到生命体的状态。这种看法近似于自然保护者通常认为的“没有合适的栖息地，物种就无法生存”的理论。

与之相对的当地群众的另一种观点则认为，外器是被支持者，内情是支持者，因为生命的到来，才出现与之相适应的环境，也就是说——先有了某个物种，才形成了适合于它们的环境。同时，每个生命的造业会影响到其所处外部环境的好坏。如果行持善业，外器世界就会欣欣向荣，反之若行持恶业，外器世界就会每况愈下。总之，前一种看法强调外部环境

堆放在昂赛乡山腰上的嘛呢石堆，刻有六字真言和各种吉祥图案，以期祛邪求福。

对生命的决定作用，而后一种看法强调生命主体的能动性及其对外部环境的改造作用。

除此之外，当地还有更多关于对世界和众生的认识。当地民间将山分为七种类型，包括雪山、岩石山、砾石山、红岩山、草山、林山、沙山。虽然雪山与人们的生产生活似乎无甚联系，但藏族人对于雪山的喜爱之情却溢于言表，雪山被他们认为是有情众生最初的诞生地，其状态反映了世界的健康程度。几乎所有的雪山都被视作神山，其间居住着以山神为首的许多非人生命，那是一个肉眼凡胎无法涉足的世界。在“三斯巴”的说法中，世界分为上空、地表和地下三部分，分别居住着以拉（天神）、赞（战神、护法神或害人神鬼）、念（地方保护神，如山神）和鲁（地下世界的神，如青蛙、蛇）为首的不同形态的神灵。

情与器，或生命与环境，并非互不相容的对立面，而是相互塑造、相互为缘、相聚成果、互为因果的关系。情与器相互观待，不存在离开情的器，也不存在离开器的情，二者是一体两面，共存共生。同时，每个生命都在构建以自我为中心的主体世界，每个生命的主体世界既是独特的，又是相互联系的。

1. 山水文化

在藏族地区远古神话中，整个世界是从几种本原物质中诞生出来的。风如轮转，产生了火，风越吹，火越旺，热火和凉风相遇产生了露珠，在露珠上又产生了微粒，这些微粒又被风吹落，堆积成了山。于是，风、火、水、土和虚空这五大物质形成了世界，而这些物质本身也是处于变化之中，并与其他物质产生作用，从而形成了世界上的各种现象。

与高原朝夕相处的游牧生活，使当地人对身边的日月山水、鸟兽草木甚至各种自然现象都心怀仰慕或敬畏。因此，在民间信仰中，除了风、火、水、土等常见自然物具有神祇，每一处具体的山水里也都可能居住着神灵。

民间认为，除了自然神灵中的水神之外，在江、河、泉、湖中有一种被称为“鲁”的水灵，这种精灵时常以地表水或地下水中的一些生物之形示现，如鱼、蛙、蝌蚪、蛇、乌龟、蝎子等。由于地下水会以树枝的形状向高山处伸张出一网脉络，只要是水脉到达的地方，“鲁”族就可以在那里居住，甚至可住在山尖、山涧和冰川中，并且掌管着河水、湖水、泉水、雨水，也掌管着水中的无数珍宝和财富，对其善者会受到令人惊喜的报恩，而若是有人弄脏水或伤害水中生物，就会遭到它的报复。

或许，这是因为以畜牧业为主体经济形式的传统生活方式十分依赖水资源，使得逐水草而居的生计中

杂多县昂赛乡的河谷景观以及远处形似坐佛的乃崩神山。

“水”成为第一要素。藏族人们对雪山的崇拜似乎更多的也是与水资源有关，正是因为雪山上有雪水和泉水，才有了山下汇流的江河湖水，才有了绿色的植被，有了聚拢而来的野生动物，最后才有了人类赖以生存的资源。倘若山上的水干涸了，一切链条都将会分崩离析。

因此，当地人们经常会以地域空间为依托进行水祭，其目的主要是为了风调雨顺，根据具体功能大致可以分为年祭祀仪式、祈雨祭祀仪式和日常的祭祀行为。平日里，大部分泉眼、河岸、湖泊等地都会设立祭祀水神的小祠堂，每当有人路过，都会在此驻足诵祷，并用柏树枝蘸一下泉水，洒向祠堂和佛像，以示水供。

在三江源的民间传说中，有很多山是由神界创立于此，或是由佛门大德修行于此的神性山体，有些山体还由神灵掌管。山神在藏语中称为“希达”，其字意为“地域之主”，它们既会化现为动物的形象，也会化

现为人的形象。人们认为，岩石是山的骨骼，土地是山的肌肤，森林和青草是山的毛发，鼠兔在山的肠道里进出，野兽则是大山的装饰，山岭具有生物般感知伤痛的反应。所以，在有“希达”的地方，通常不可有肆意的砍伐、挖掘、猎杀、污染等行为。当地人会积极制止这些行为，并从疾病、灾难、坎坷、家道破败等多种现象中去考虑是否得罪了本地的“希达”。

山祭从时间上大致分为节日祭祀和日常祭祀。当地较为重视的是大年初一的山祭，在辞旧迎新之际，向山神感谢这一年来的眷顾与恩赐，祈祷来年人畜兴旺、福泽满盈。日常祭供山神一般为朝转神山和祭献供品，后者最为普遍的是石供，包括独石、垒石、堆石。除此之外，杂多县扎青乡会在每年七月举办赛马祭山，这种古老的祭祀方式是通过骑手们策马下山坡的比赛以获得山神的喜爱和佑护。

人们对故土山水的虔诚以待，也使这些山水具有了“灵性”，而不仅仅是沉默的风景。听当地人讲述这山山水水、一草一木的故事，就好像在听老友近邻的家常，这时我们就会理解，为什么这里的自然离人这么近。在澜沧江源，我们可以了解这山山水水的前世今生，像当地人一样祈福、转山、堆石、抛洒龙达、品尝圣水、沐浴温泉；也可以直观地欣赏它们的美，去观察一座山的起伏有力的骨架和生机勃勃的肌肤，体会一块巨石的嶙峋苍劲的态势，去领略一条河的蜿蜒奔腾的脉络和润泽清透的呼吸，感受一方湖泊波澜不惊的气质。

源区随处可见的嘛呢石堆。“嘛呢”来自梵文佛经《六字真言经》“唵嘛呢叭咪哞”的简称，因在石头上刻有“嘛呢”而称“嘛呢石”。

拓展阅读

在《藏区旅游不可不知的200事》中，列举了“游览神山圣湖时的禁忌”和“爱惜生命”等部分的守则，如：“禁止在大大小小的水源附近大小便或做任何污染水源的事。水源被视为龙王的宫殿，因此会招来各种不吉利的事”“夏季不能把热水随意倒在土地上，因为会伤害草丛中如虫子等的微小生物，应待水冷却后再倒掉。”

2. 与神山圣水的朝夕相处

在三江源地区，我们常常可以看到朝转山水的行为，藏族人们以此来表达和践行信仰。他们认为

这是一种感受神圣和力量加持的修行方式，因此在日常生活中会作为一种习俗而出现，朝转的对象一般都是较为殊胜的宗教圣地，如神山、圣湖、寺院、佛塔、嘛呢堆等。

在民间神话传说中，有一些神山具有强大的力量，它们不仅与某些民族或地域的来源有缘，还是大法的象征和代表。人们认为绕转这些神山就会获得一定的加持力。藏传佛教认为，在一些特殊的日子里会有很多菩萨神灵汇聚在某座神山上，若是在这时候朝转，便可获得百千倍数的功德。因此，有些年月就成了专门朝转某些神山的日子。

在玉树藏族自治州，民间所朝转的神山基本都与佛教有关。在民间看来，祭祀山神是一种娱神行为，而朝转神山则是修行方式。很多人认为这种绕转朝圣的形式是公元 12 世纪末竹巴噶举派的高僧古仓巴・贡布多杰所创立。此外，绕转圣湖同神山的功能一样，都是为了获得殊胜力的加持。朝转寺院、佛塔和嘛呢石堆的行为在日常生活中最为常见，从晨起到晚归，都可以随时进行。

对于来自其他地方的旅行者而言，乘车、徒步、露营等则是更熟悉的现代出行方式，这种方式很少带有信仰目的，未曾见过的江源风景在他们眼中也显得壮丽而陌生。然而，不论是选择更为本土的方式去转山、踏青、泡温泉，还是以带着更现代的装备拜访神山圣湖，都将同样感受到自然带来的启示与身心的慰藉。最重要的一点是，任何出行方式都必须尊重和保护自然环境，就这一目标而言，本土禁忌和户外规则都具有部分相通之处。旅行者可了解“无痕山林”守则，或阅读相关指南手册，为澜沧江源区的保护做出个人力所能及的贡献。

随处可见的经幡。经幡藏语称“隆达”，是一种用棉布、麻纱、丝绸等材料制成的长方形彩旗，共有蓝、白、红、绿、黄五种颜色，色序不能错乱，分别象征天空、祥云、火焰、江河和大地。

4 传承与守护

澜沧江源为源区内的居民提供了水源涵养、气候调节、粮食供给等生态服务功能，其健康与否，也影响着中下游流域的生态环境和人类生活。由于气候变化和人类活动的增加，这里曾出现了草场退化、人兽冲突等一系列问题。为了守护这里的神山圣水，在三江源国家公园管理局、玉树藏族自治州人民政府、杂多县人民政府、国家公园澜沧江源园区管委会的支持下，多个公益基金会及保护机构携手当地牧民，开展了如生物多样性监测、草地修复以及人兽冲突缓解等多样的保护行动。值得一提的是，在昂赛开展的自然体验项目替代生计新尝试，为澜沧江源区的未来注入了希望。

重要的生态保护价值

澜沧江—湄公河流经两个世界生物多样性热点地区——中国西南山地和印度—缅甸区。中国西南山地热点地区涵盖了澜沧江流域的上游和中游地区，复杂的地形与有利的湿润条件的独特结合致使其生物多样性极其丰富，拥有大量的特有动植物物种。中国西南山地约占中国陆地面积的 10%，但却拥有约占全国 50% 的鸟类和哺乳动物以及 30% 以上的高等植物。澜沧江下游及湄公河流域贯穿了印度—缅甸热点地区，该地区只有 5% 的自然生境未被破坏，同时人口数量比其他所有热点地区都多。据保护国际 2011 年的报告，上述两个热点地区同时也是全球受到威胁最大的 10 个森林生物多样性热点地区中的两个。

在“全球 -200”生物多样性优先保护区域的清单中，澜沧江—湄公河流域本身作为大型河流淡水生态区名列其中；此外还有 4 个生态区和澜沧江流域有重合，分别是东喜马拉雅高山草甸、东喜马拉雅阔叶和针叶林、北印度支那亚热带湿润森林、云南湖泊和溪流。据统计，1997—2007 年间，大湄公河次区域共发现了 1068 个新物种，平均每周发现 2 个。这些新物种中约一半是植物（518 种，占 48.50%），其次是鱼类（279 种，占 26.12%）。其间，在中国云南发现（含分布）的新种有 284 个，其中绝大多数是植物，脊椎动物中只有少数几种两栖类和鱼类，没有爬行类、哺乳类和鸟类。澜沧江流域的物种调查和新种发现还存在着巨大的空缺。

澜沧江为流域内数千万的人口提供了水源涵养、

大湄公河次区域新物种

新物种 > 1068 个新物种

植　物 > 518 种

鱼　类 > 279 种

澜沧江源区小尺度辫状水系景观

调节气候、防止自然灾害的生态服务。尤为重要的是，澜沧江流域的社会经济发展与流域内的生物多样性和生态系统服务密切相关。按照2005年千年生态系统评估项目的评估方法，我们可以定性地了解澜沧江生态系统为流域内的人类提供的土壤形成、初级生产等支持功能，粮食、水、燃料等供给功能，调节气候、控制疾病等的调节功能，精神与宗教方面等的文化功能。

澜沧江流域的水供给

年均供水 > 25.11 亿立方米

干流贡献率 > 23.87%

支流贡献率 > 76.13%

其中，澜沧江流域水供给的生态服务功能表现为，年均供水25.11亿立方米，其中干流贡献率为23.87%，支流贡献率为76.13%，从上游至下游呈明显递增趋势。草地生态系统和森林生态系统的水源涵养量贡献率共计达71.66%。科研人员对不同组成结构生态系统类型的水源涵养能力进行比较，获得了阔叶林 > 针阔混交林 > 竹林 > 针叶林 > 灌木林 > 草地的共识。澜沧江流域提供的气候调节、防灾减灾、粮食、旅游和文化等其他服务功能，在这里不作详细描述。

1. 湿地

澜沧江流域的湿地主要集中分布在杂多县以上流域的河源地区，以及云南省的少量湖泊和沼泽区域。全流域湿地面积约为881平方千米，分为河流型湿地、湖泊型湿地和沼泽型湿地三个基本类型。湿地是流域内水源涵养和净化功能重要的提供者。特别是云南的高原湿地，大多分布在城市周边，随着城市化的进程，高原湿地为城市经济发展提供了重要的生态服务功能。同时，这些湿地也是许多高原珍稀野生动物，特别是珍稀鸟类、鱼类和两栖类动物赖以生存的主要栖息地。

2. 冰川

澜沧江源区的冰川集中在东经94°42′ ~ 95°14′、北纬33°25′ ~ 33°38′，东西延续约34千米长、南北约12千米宽的地带。源区面积在1平方千米以上的冰川有20多个。最大的冰川是色的日冰川，为17.05平方千米，是查日曲两条小支流穷日弄、查日弄的补给水源。澜沧江上游地区的冰川集中在其西岸和怒江的分水岭上，梅里雪山的明永冰川是世界上海拔最低的热带季风性海洋性冰川之一，长达8千米，宽至500多米，面积有73.5平方千米。这些冰川和湿地具有重要的水源供给和涵养的服务功能，据统计，澜沧江源区年平均径流量为112.8亿立方米，占澜沧江总水量的15.6%。

3. 森林

澜沧江流域的森林面积为3.96万平方千米，占流域总面积的24%，森林覆盖着从北至南整个流域范

杂多县昂赛乡的森林是金钱豹的重要栖息地。

围，森林生态系统的分布带有明显的区域性。林区内不但栖息着丰富的珍稀野生动物，而且为当地居民提供了多种药用和经济植物。另外，森林在水源涵养、水土保持、气候调节和固碳释氧等方面也发挥着重要功能。森林在旅游方面的价值亦值得一提，澜沧江流域的多数林区，如杂多县的昂赛原始森林、白马雪山林区和西双版纳雨林等，是著名的旅游风景区。但是，流域内的森林退化和毁林现象也很明显。

4. 草甸和草原

草地生态系统在澜沧江流域生态系统中占主导地位，其总面积约为6.10万平方千米，占流域面积的37%，其分布范围贯穿了整个流域。高寒草甸和草原是整个澜沧江源区规模最大的生态系统类型。尤其是杂多县拥有极其广袤的草地，可利用草场面积达31628.2平方千米，占其土地面积的79.7%。草原不仅为畜牧业提供了生产资料，同时也是藏羚、藏野驴等许多珍稀动物的家园。草原上的珍稀药材冬虫夏草更是构成当下澜沧江源区的重要经济支柱产业。澜沧江源头的杂多县即是整个玉树藏族自治州最为著名的虫草产区。

喜马拉雅旱獭及柔软的草甸

草地是澜沧江流域面积比重最大的植被类型。近几十年来，由于气候变化和人类活动的双重影响，澜沧江流域的草地生态系统发生了严重退化。据统计，目前源区退化草场面积已占到可利用草场面积的26%～46%，严重影响了该地区的生态环境和草地畜牧业的可持续发展，并对其他相关地区的生态安全造成重大威胁。然而，由于缺乏长期连续的数据资料，目前对该地区草地生态系统变化驱动机制的研究极为薄弱，对其受到的威胁和发展趋势也缺乏综合评估。

传统观点认为，超载放牧是导致澜沧江源区乃至整个三江源地区草地退化的最主要因素。该地区的草食家畜发展历程对草地生态系统的退化产生了深刻的影响，其草地退化格局在1970年前后已经形成，并一直延续至今，遥感解译研究结果也证实了这一点。在载畜压力的时间序列上，1988—2005年的18年间三江源地区的草地载畜压力具有逐年下降的趋势，表明该地区的草地利用逐年在向合理的方向发展，尤其是放牧压力较大的冬春场的压力有所减轻。然而草地的超载态势仍在持续，目前载畜压力的减小不可能在短期内扭转草地退化的格局，草地退化的现状可能将持续较长一个时期。此外，这一现状暗示三江源地区的草地退化可能有过度放牧之外的其他因素。

为了缓解草地生态系统的退化，近年来在政府的统一规划下，采取了很多治理措施。结合三江源地区生态保护和建设项目的实施，将中等程度以上退化草地全部进行围栏禁牧，至2010年围栏禁牧面积达到1447万公顷；完成黑土滩治理26.67万公顷，完成鼠害防治973.3万公顷，并且全面落实草场承包的政策。然而，由于这些措施往往出于对草地生态系统片面甚至错误的理解，故经常带来意想不到的负面影响。例如围栏禁牧，并不总是能改善草地植被，但围栏（也包括草场承包到户的围栏）阻碍了野生动物的活动，甚至威胁到它们的生命；鼠和鼠兔是食物链中不可或缺的一环，也对草地植被更新有促进作用，把它们当作鼠害大规模毒杀，进而损害了食肉野生动物种群。现在三江源国家公园核心区所有的生态保护项目，不再使用网围栏，对原有的网围栏也在有计划地拆除。

杂多县扎青乡的宽阔河谷

昂赛大猫谷的守护故事

昂赛乡位于青海省玉树藏族自治州杂多县东南部，在三江源国家公园澜沧江源园区范围内，是三江源地区雪豹最重要的栖息地之一。山水自然保护中心（以下简称“山水”）于2014年在澜沧江源园区昂赛乡开展工作，并与北京大学、阿拉善SEE基金会、杂多县人民政府合作，建立了三江源国家公园内首个研究保护基地——三江源国家公园昂赛科研工作站，工作站承担国家公园区城内科学研究和志愿者参与等工作。

2016年，三江源国家公园澜沧江源管委会与山水自然保护中心合作，在国家公园境内昂赛乡开展红外相机监测和生物多样性本底调查的试点工作。在昂赛乡全境共设计72个5千米×5千米监测网格，每个网格内放置1~2台红外触发相机，培训77名公益管护员负责红外相机的布设和维护工作。目前长期工作的红外相机总数有95台。

牧民监测员从三江源国家公园生态管护员及社区牧民中选拔，采取自愿参与的方式，加入社区红外相机监测工作。牧民监测员们需要每月上山检查和维护一次红外相机，每季度收集一次数据，交由山水自然保护中心和北京大学生态研究中心协助分析和处理。与此同时，从监测员中选取有管理能力、有号召力、有新想法的优秀代表作为监测员管理小组的成员，并由村级及乡级干部代表进入管理小组参与日常事务的决策与监督，共同讨论制定《社区监测员管理办法》，进一步规范社区监测内容和程序，提升监测质量。

昂赛大猫谷，位于杂多县。

而牧民监测员的努力与热情，也证明了社区长期参与科研监测的可能性。截至 2023 年 9 月，昂赛乡红外相机监测累计工作日时长近 6 万天，数据量达到 4.68 TB，共记录到 27 种兽类和 122 种鸟类，其中包括食肉目的猫科 5 种、犬科 3 种、熊科 1 种、鼬科 5 种，以及偶蹄目的 7 种、兔形目的 3 种和啮齿目的 2 种。此外，还记录到雪豹影像 2000 余次，金钱豹影像近 300 次，并累计识别出雪豹个体 99 只，金钱豹个体 16 只。

为发挥国家公园的科研、教育、游憩等功能，

2018年初三江源国家公园澜沧江源园区昂赛自然体验项目正式启动，国内外的自然爱好者可以通过预约报名的方式参与。获得许可的自然体验者进入昂赛地区，可入住当地接待家庭，在牧民向导的带领下开展雪豹等珍稀野生动物监测、观赏自然和文化景观、体验牧区生活。

在项目试运营阶段，昂赛乡年都村生态旅游扶贫合作社（以下简称“合作社”）注册成立，成员包括由年都村委会选拔设立的自然体验接待家庭和年都村全体村民。作为经营主体，合作社承担着自然体验项目的管理与运营工作。与此同时，山水自然保护中心受昂赛乡政府以及三江源国家公园澜沧江源园区管委会委托，作为项目的技术支持机构，与昂赛合作社共同完成了包括自然体验者指导手册、接待家庭资料手册、预约网站在内的产品设计，并协助完善了合作社管理章程、自然体验者入园守则、体验者协议、接待家庭协议等规章制度。

2018年7月，基于前期开展的自然体验项目试点经验，杂多县人民政府与三江源国家公园澜沧江源园区管委会联合山水自然保护中心，在昂赛乡举办为期4天的自然观察节活动，面向社会公众招募自然体验项目参与队员。54名入围者在牧民向导的带领下，开展对昂赛本地物种的观测与记录。山水自然保护中心先后3次组织牧民向导进行野生动物导赏集中培训，并对每户接待家庭开展了包括医疗与烹饪在内的接待技能入户培训。

此项目在机制设计、管理以及评估方面提供了试点经验，也为通过基于社区开展生态旅游的方式保护以雪豹为代表的食肉动物提供了示范。自然体验接待家庭在接受培训之后，可自主接待来自国内外的自

拓展阅读

山水自然保护中心（以下简称“山水”）是一个长期在三江源地区工作的民间组织。自2009年起，当地政府、北京大学和山水共同发起了一系列雪豹研究与保护项目，旨在保护其野生种群。该项目包括长期的社区监察、种群与威胁评估等。位于杂多县的昂赛乡被选为其中一个试点地区。在昂赛乡1500平方千米范围内，每5千米 ×5千米的格网内都放置了至少1台红外相机，共计95台。这样做的目的是为了监测生活在该地区的野生动物种群。山水联手当地政府与三江源国家公园，培训国家公园生态管护员来运行和管理红外相机。该项目使雪豹生命周期中的一些独特瞬间得以被首次记录下来，如雪豹的交配等。上述行动也能帮助科学家研究该地区丰富的中大型食肉动物种群。

牧民接受有关野生动物知识的培训

然体验者，提供相应的车辆、向导和食宿等服务。从2019年起，自然体验项目接待社区收益分配制度开始正式实施，即在自然体验活动产生的全部收益中，45%归接待家庭所有，45%用于社区公共事务，10%纳入社区雪豹保护基金。

自然体验项目作为三江源国家公园首个以社区为主体的发展经营项目，从零开始，做了许多创新性尝试。项目以科学调查为基础，建立了适应当地社区及政府的项目管理体系，并最终将受益回馈给整个社区及生态保护。项目实现了生态保护和社区发展的双赢，其在管理运营、产品设计、制度设计方面的诸多经验，有着深远的示范意义及国内、国际影响力。

国家公园外的保护地建设

自1956年第一个保护区鼎湖山自然保护区建立后，我国政府一直很积极地建立保护地，特别是1979年以后，保护地数目增长迅速，增长态势一直延续至今。到2003年底，我国已建立各种类型、不同级别的保护地5000余处，占国土面积的18%以上，其中包括了国家公园、自然保护区、自然公园（包括湿地公园、森林公园等）三类国家正式建立的保护地类型，也有由社区长期管理的社区保护地。除了三江源国家公园，在澜沧江其他流域内也建立了42个自然保护区，以及其他的保护地，并且拥有大量的非正式的社区保护地。

1. 自然保护区

澜沧江流域共建设有自然保护区42个，在流域内的自然保护区总面积为34238平方千米，占流域总面积的20.8%，其中在青海，三江源自然保护区覆盖青海省内澜沧江流域的90%。42个保护区中，国家级自然保护区10个，在流域内的总面积为30239平方千米，占保护区总面积的88.32%；省级自然保护区9个，总面积为3204平方千米，占保护区总面积的9.36%；市级自然保护区15个，总面积为657平方千米，占保护区总面积的1.92%；县级自然保护区8个，总面积为138平方千米，占保护区总面积的0.4%。在全部42个自然保护区中，针对特有濒危物种的保护区有13个，占总数的31%；针对森林生态系统的有22个，占总数的52%；针对湿地生态系统的有9个，占总数的21%；针对水源涵养的有3个，占总数的7%。

三江源国家级自然保护区竖碑

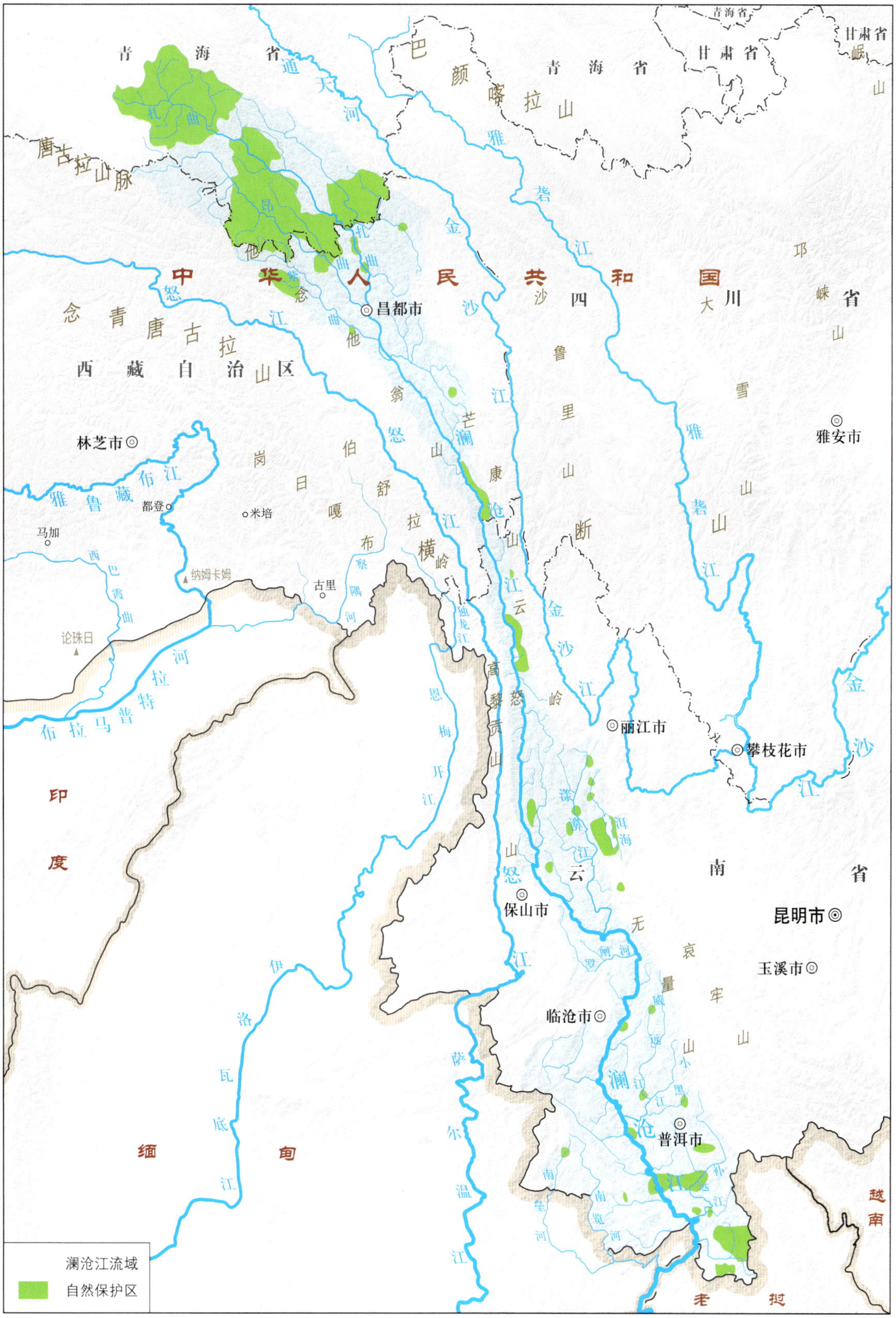

澜沧江流域自然保护区分布图

2. 森林公园、湿地公园、风景名胜区

森林公园：是以保护和持续利用森林自然景观为前提，依靠森林的自然景观，兼融部分人文景观，为社会提供旅游服务的特定生态区域。森林公园主体上未纳入自然保护区，行政管理机构为林草主管部门。目前已在澜沧江流域建立的国家级森林公园主要有10个，即巍宝山、天星、清华洞、东山、莱阳河、章凤、钟灵山、五脑山、畹町、飞来寺，这些国家森林公园同样肩负着相应的生物多样性保护职能。

湿地公园：是“以具有显著或特殊生态、文化、美学和生物多样性价值的湿地景观为主体，具有一定规模和范围，以保护湿地生态系统完整性、维护湿地生态过程和生态服务功能并在此基础上以充分发挥湿地的多种功能效益、开展湿地合理利用为宗旨，可供公众浏览、休闲或进行科学、文化和教育活动的特定湿地区域。”澜沧江流域的国家湿地公园包括云南洱源西湖国家湿地公园和云南普洱五湖国家湿地公园。除此之外，澜沧江流域几乎所有的湖泊湿地包括重要库塘都建立了保护区或依法划为了保护地，上游地区的沼泽湿地也得到了有效保护。

风景名胜区：是指风景资源集中、环境优美，具有一定规模、知名度和游览条件，可供人们游览欣赏、休憩娱乐或进行科学文化活动的地域。流域内分布着云南大理风景名胜区、云南西双版纳风景名胜区、云南三江并流风景名胜区，但有部分面积和自然保护区重叠。

3. 世界自然遗产

世界自然遗产是由联合国教科文组织批准的有突出价值的区域。2003年，由怒江、澜沧江、金沙江及

囊谦县的白扎林场

其流域内的山脉组成的“三江并流”自然景观，因其特殊的地质构造和丰富的生物多样性成功申报了世界自然遗产。“三江并流”世界自然遗产由于水电开发和矿产开发，受到国际关注，自2003年被列入《世界遗产名录》后，连续在3届世界遗产委员会会议上被列为重点监测保护项目。经过激烈的讨论，2010年第34届世界遗产大会审议通过中国云南“三江并流”世界自然遗产地的片区边界细化后的修编，对有争议的拟开发区域进行了边界调整。此外，澜沧江流域内的云南省大理苍山与南诏历史文化遗存也列入了国家申报世界遗产的预备名单。

4. 神山圣湖与社区保护地

传统文化中有许多关于保护自然和可持续利用资源的知识，以及实践操作体系。这在我国西部少数民族地区普遍存在，其中藏族的神山圣湖相对典型。当地已经形成常态化的生态保护机制，把保护行动巧妙地融入了老百姓生产和生活中，充分调动起社区的“内控机制”进行资源的自我管理，以极少的成本管理大面积区域，实现了保护效率最大化和可持续。

此外，神山圣湖体现了“分区管理”的保护理念，通过区划平衡一个区域内保护和经济发展的矛盾。这种生物多样性保护机制是我国西部广大群众长期的经验结晶，但又和现在国际上主流的“景观保护”的思路是相通的。在澜沧江流域，除了藏族有神山圣湖的保护传统外，还有其他少数民族也有相同的保护传统，但这些保护传统都没有被纳入正式的保护体系中，而且在经济发展和文化改变中，这些传统正在逐渐改变。

第三章
观源澜沧江

1 在澜沧江源感受山水有灵
——源区山水

2 在澜沧江源体验“自然奇遇”
——源区自然

3 踏上澜沧江源人文之路
——源区人文

澜沧江源区发展的旅游导赏与自然体验，有社区的深度参与，当地的原住居民可能就是你住宿的房东、开车的司机、游览时的向导。澜沧江源区的旅游开发并不一味追求经济效益，而是在保护自然的前提条件下进行的，看重的是生态保护和社区发展的平衡，并且带来的收益也会反哺当地的自然保护行动。

游客在此地可以选择多种游览方式，如寻访水源、水上漂流、自然体验、探索文化遗迹等，系统性地感受澜沧江源区生态和文化的原真性、完整性。

禁止在三江源国家公园澜沧江源园区的核心区域开展旅游、探险、穿越等非法行动。未经三江源国家公园管理局核准，任何组织和个人不得擅自在国家公园区域内组织开展生态体验和自然教育等活动。在不对自然生态系统带来损害的前提下，经主管部门批准后，可进入一般控制区内进行访问等活动，且严格遵照审批要求。

澜沧江源园区导览图
吉富山
2008年和2014年考察活动所认定的澜沧江源头
澜沧江源头
果宗木查山
在1999年考察活动中被认定的澜沧江源头
扎西曲瓦
在2014年考察活动中被认定的澜沧江文化源头
扎西曲瓦保护站
色的日冰川
澜沧江源区最大的冰川
在当地又叫琼日冰川
近还有瀑布和湖泊
昂闹村
昂闹
扎那日根山
当地有扎那曲源头之一的说法
查加日玛
扎那曲支流加果空桑贡玛曲的源头
曲果扎西滩
扎那曲源头的一片水源地
澜沧江源头
杂那霍霍珠地
被当地牧民长期认定的扎那曲源头
莫云保护站
莫云乡
跃尼
结绕
格赛
扎西拉武寺
曾是入藏古道上的重要驿站
瓦河
查旦乡
有途经澜沧江源入藏的两条线路
查旦保护站
查旦乡
达谷
当曲保护站
扑克
吉乃
吉乃保护站
G345
扎青乡地青村著名的神山群
达阿保护站
热赤雄保护站
达俄
达青
格云
齐荣
巴青
萨那贡玛
切琼
长江源园区
玉树藏族自治州
青海
澜沧江
唐古拉山脉
西藏自治区
西藏自治区
94.0°
94.5°
33.5°
33.0°
32.5°

治多县
加吉博洛镇
多彩乡
达生
当江荣
西宁
青　海　省
三江源国家公园
澜沧江源园区
图　例
县级行政中心
乡、镇级行政中心
行政村
自然村
省级界
常年河
时令河
湖泊
山峰
G345 国道及编号
S224 省道及编号
核心保护区
一般控制区
园区范围线
科考路线
科考路线（步行路段）
科考路线（支线）
主要入口社区所在地
已建保护站
拟建保护站
科研站/研究站/自然教育中心
景点
注：未经允许不得进入核心区
比例尺
1:550 000
省
然者尕哇切吉
扎青乡地青村著
名的神山群
然者尕哇切吉
渭温泉
当地人欢迎
一处温泉
俄绞
扎格涌
喇嘛诺拉
喇嘛诺拉
传说是被藏王赤松
德赞供奉的藏地十
三大神山之一，附
近有瀑布和温泉
东吉尕牙杂法
扎青保护站
地青
扎青乡
自
斯日寺
又叫“日历寺”，以
宗教戏《静猛生死轮
回剧》而知名
扎格
治
沙青
苏绕
曲新
杂多自然教育中心
杂多县
萨呼腾镇
杂多入口社区
西拧浪达
多加
佐青寺
红旗
源
塔阿能
G345
石佛沟
两壁有莲生花大
士法身等石刻
多那
州
瓦里神山
杂多地区最早认定和
开光的三座神山之一
园
澜沧江第一湾
位于345国道从杂
多县前往玉树市的
路上
昂赛入
口社区
昂赛保护站
昂赛大峡谷研究站
昂赛乡
热情
昂赛大峡谷
著名的峡谷，有众多的
野生动物
改拉达
佛头山/巴艾寺
佛头山形态独特，远
观如一尊佛陀的头
像；巴艾寺据说由噶
玛噶举派活佛修建
区
章尕考
内赛卡
苏鲁
结多乡
多晓
若将查各
多乡
途径澜沧江源
藏的一条线路
乃崩神山
形似坐佛，当地
有诸多传说
熊达塘
巴艾涌丹霞地貌
昂赛大峡谷丹霞景观
分布最集中的区域
三江源国家公园昂赛科研工作站
由山水自然保护中心和北京大学、阿
拉善SEE基金会、杂多县人民政府合
作，建立三江源国家公园内首个研究
保护基地
S224
优多
觉拉乡
哇罗
交江尼
苏鲁乡
优美
95.5°
96.0°
33.5°
33.0°
32.5°

囊谦县的绵延高山

1 在澜沧江源感受山水有灵——源区山水

澜沧江有着众多水源，大部分并不壮观宏伟，或许也没有更多特别之处，但是，为什么我们要去探访和了解源区这些山水呢？

这是因为，源头的意义在于，作为大江大河从无到有的生发之地，在难以逾越的山重水复间，自然充分地展现出超越人类经验的力量，也因而使我们遥望此处并反观自身。著名生物学家珍妮·古道尔曾经说过：“唯有了解，我们才会关心。唯有关心，我们才会行动。唯有行动，生命才会有希望。”不论是传统的水源文化，还是现代的环境教育，都是由知识、态度、动机进而导向行动。正是因为亲耳所闻、亲眼所见、亲身体验，才可能激发思考、关心和行动，珍视滋养我们的江河与环境。

扎阿曲科考探源行 *

寻访扎阿曲导览图

---

* 根据相关规定要求，三江源国家公园核心保护区经批准后可开展科研、科考等工作，其他人员不得进入。自然教育和生态体验等活动，经批准后可在一般控制区进行。

扎阿曲源头的科学考察

路线 > 杂多县—扎青乡昂闹村（昂闹村小学）—扎西曲瓦—吉富山—果宗木查山

难度 > 中 / 高

距离 > 约 280 千米

时间 > 4 天及以上

源头之旅从流经扎青乡的扎阿曲开始，这是澜沧江扎曲最大的支流之一。扎青乡位于杂多县西北处，乡政府所在地距县城约 1 小时车程。从杂多县逆流而上，在名叫尕纳松多的水系分叉处向北行，就会来到昂闹村。这里的小学海拔有 4680 米，是青海省海拔最高的小学，可以尝试拜访昂闹村小学，去听听孩子们的朗朗读书声，或许就能更进一步理解，这些稚嫩面孔背后依然坚守在江源的牧民们。

目前，这里拥有 2014 年由杂多县组织的澜沧江科考活动所认定的“地理源头”和“文化源头”，除此之外，还有多个被不同组织或科学家认定的源头。

离开昂闹村，我们将首先抵达“文化源头”扎西曲瓦，这是一处高于地面的泉台，有着不同温度的泉水点。当地传说，牧民家的牲畜得了病，只需赶着牛

澜沧江的文化源头——扎西曲瓦

澜沧江的地理源头——吉富山

羊绕源头三圈或者七圈，病自然而然会治愈。

前往吉富山和果宗木查山的路程则更加艰难，此后我们将穿越大片沼泽地，最后的一小段路程则需要徒步或骑马行进。沿着扎阿曲继续上溯，我们会发现，在扎阿曲众多的支流中，郭涌曲的长度最长、流量最大。从野永松多开始又分为两支，一支为高山

谷西（上游是拉赛贡玛），发源于果宗木查山的冰川；一支为高地扑（上游为谷涌），发源于吉富山的积雪盆地。沿着谷涌北上，将进入一块几座山之间的积雪盆地，附近最高的山为吉富山。盆地面积约 0.4 平方千米，呈灰褐色，四周没有植被，细流从碎石地里流出，这便是谷涌的源头，即所谓的“地理源头”。

扎那曲科考探源行*

寻访扎那曲导览图

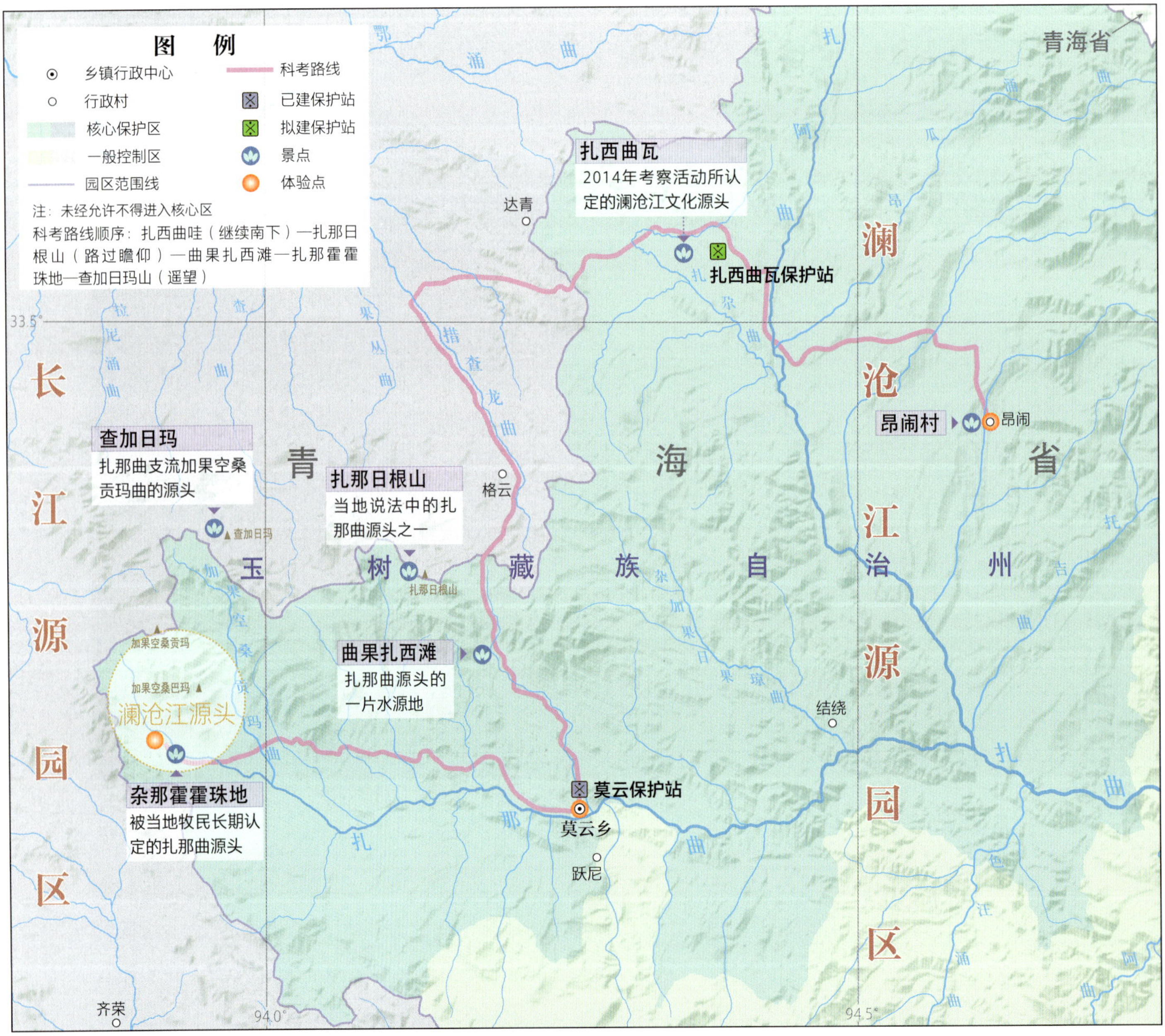

---

* 根据相关规定要求，三江源国家公园核心保护区经批准后可开展科研、科考等工作，其他人员不得进入。自然教育和生态体验等活动，经批准后可在一般控制区进行。

扎那曲流淌之地——莫云乡

莫云乡流淌着扎曲的另一条较大支流——扎那曲，这里地处杂多县最西部，被称为“天边的莫云”，有着大片的湿地沼泽，又被当地人称为“莫云滩”。莫云乡地处偏远，目前从杂多县抵达莫云乡的路程仍需要 5 个多小时，但它却是近代探险史上的焦点，屡次出现在国内外探险家的笔下。早年，国外独立进行的河源考察，都倾向于将扎那曲作为正源。

关于源头，当地有几种说法，其中一说为扎那日根山。在星星点点的水洼湖泊间曲折西行，再向北，就来到了曲果扎西滩，其藏语意为“吉祥水源”。其周围群山上的溪水从冲击而成的冰槽汩汩而下，汇入或绕开曲果扎西滩中湖泊，形成三条汇入扎那曲的较大支流。而向北远眺，就能望见曲果扎西滩上三条支流的发源地扎那日根山。这座海拔 5500 米的山并不算高，但山顶常因冰雪堆积而闪烁着银色，也被当地人称为“圣山”。

我们继续西行，就会抵达杂那霍霍珠地（又名杂那火王珠叠）。这里是被当地牧民长期认定的源头，是扎那曲西侧的一座小山。20 世纪中期，当地在搜集山水文化时，发现这座山像一条吉祥的银龙，如凸起

扎那曲源头的科学考察

路线 > 杂多县—莫云乡—曲果扎西滩—扎那日根山—杂那霍霍珠地—查加日玛

难度 > 中 / 高

距离 > 约 250 千米

时间 > 4 天及以上

的宝珠，故将此山取名为“杂那火王珠叠”，是代表汉藏友谊深远长青的山。民间传说，杂那霍霍珠地是澜沧江的源头，是康朵地区七座丘山中的一座龙丘，在立春时，银龙从杂那霍霍珠地升腾入空。当地居民在藏历每月初八、十五和三十，经常在此山上举行煨桑、献沐、转山等活动，这些活动可使风调雨顺、五谷丰登、畜旺繁衍。据当地人讲，如果牲畜生病，转

澜沧江源头区的湿地扎西曲瓦全景

龙山三圈后病就会好。

继续西行，在扎那曲的众多支流中，最长的便是加果空桑贡玛曲和扎加曲，前者的尽头查加日玛是一处高山冰川，作为源头被写进2000年版的《青海省志》；后者的尽头有个鲁布萨山口，是一块渗水的沼泽地，由法国探险家米歇尔·佩塞尔于1994年认定为源头。

布当曲科考探源行

寻访布当曲导览图

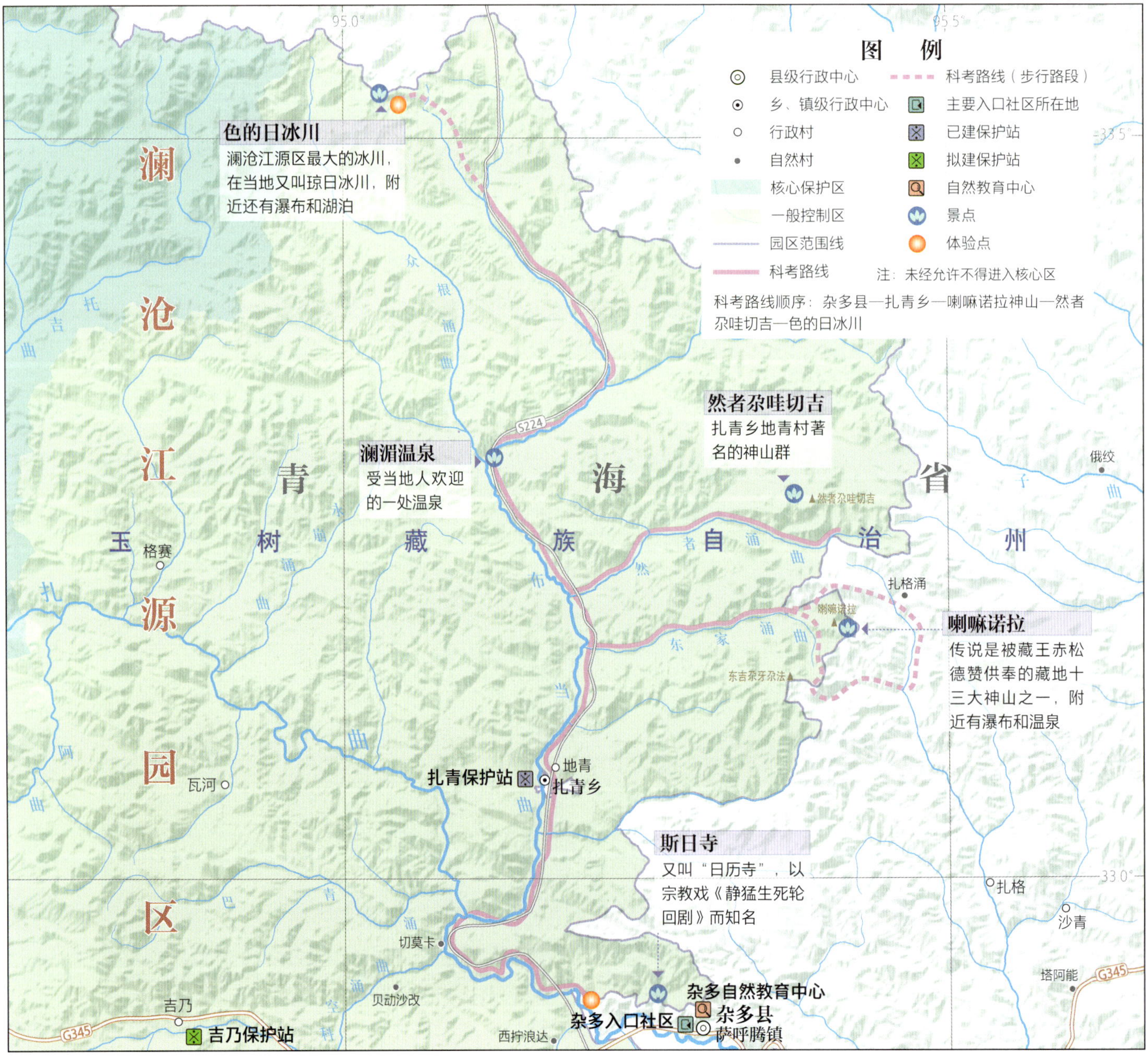

布当曲源头的科学考察

路线 > 杂多县—扎青乡—地青村—色的日冰川—然者尕哇切吉—喇嘛诺拉—澜湄温泉

难度 > 中 / 高

距离 > 约 200 千米

时间 > 4 天及以上

在源头区的杂多县扎青乡，还有一条名叫布当曲的支流。这条支流自北向南穿过地青村，其汇水来源于多座雪山，而众多溪流河谷造就了地青壮阔的高原草甸风景，成为了当地野生动物和牧民们赖以生存的家园。也正是如此，布当曲周边多处山水景观具有独特的自然、文化和美学价值，如时间充裕，便可像本地人一样朝拜、祈福、泡温泉，也可单纯地徒步、观景。

色的日冰川是澜沧江源园区最大的冰川，当地人又称之为“琼日冰川”。在这里可以感受到“世界尽头，海枯石烂”的景象。在只比天空低一点的高耸山峰间，冰雪巨流色的日冰川兀然出现，既昂然孤立，又雄伟壮观，此为“世界尽头”。因为全球变暖，目前冰川已经大面积退缩，山顶上原本在夏天融化成的冰川湖泊也消减了不少，仅仅能看到湖水边缘在地表留下的圈圈“泪痕”，此为“海枯”；而因冰川冻融和日晒风化留下的冰

位于杂多县扎青乡地青村的色的日冰川

碛、碎石，在山顶流石滩随处可见，又可视作“石烂”。

抵达冰川并不容易，需要将车开到山脚下，再顺坡爬向山脊后从碎石滩或山脊前往，有较大的海拔攀升。在此处不仅能看到雪山和冰川，还可以看到另一边的巨大河谷。

在地青村，有一座被当地人视为的神山——然者尕哇切吉。然者尕哇切吉有8个山头，均为山神当津

喇嘛诺拉神山，位于杂多县扎青乡地青村。

澜湄温泉，位于杂多县扎青乡地青村。

尕哇闹布的化身。这些神山常年覆雪，白色冰雪下便是直冲天际的黑色山岩，偶尔还可见大群岩羊在附近觅食，如更幸运或许还可见到雪豹、狼、熊等。

在然者尕哇切吉的南面便是当地人认为的喇嘛诺拉神山，每年当地人会来此转山或朝拜。喇嘛诺拉其意为“财神上师”，其海拔为4200米，在当地人心中是知名神山，整个山体是由连绵不断的雪山构成。喇嘛诺拉神山是因莲花生大师曾在此修行伏藏而知名。民间相信以喇嘛诺拉为中心，其周围汇聚了四面八方的财神，所以千百年来，当地牧民把喇嘛诺拉神山当作世界上绝无仅有的财神山进行供奉，而周边各地的商人也会来此朝拜，以求财运。喇嘛诺拉神山脚下还有一处珠姆王妃沐浴瀑布，相传是格萨尔王征服大食财宝宗时分给珠姆王妃的，因王妃在此瀑布沐浴而得名。

在行程的最后，可以像当地人一样选择在澜湄温泉泡个温泉舒展身心，一洗旅途劳顿。澜湄温泉从地热丰富的区域涌出，出水温度65℃左右，水中富含多种微量元素，对于一些病症具有一定疗愈效果。

漂流澜沧江

如果不算先民将漂流作为交通手段，现代的漂流运动起源于20世纪40年代的美国西部。这种方式并不是通常所理解的“极限运动”，而是与登山、徒步一样，是户外活动的一种形式，并逐步形成具有自身特点的体系。

“漂流中国”是中国最早运行这一活动的专业组织，他们将漂流活动定义为“自由江河，自在生活”。参与漂流的每一个人，实质上也是以“亲身进入”的方式，在大自然的生态系统内与江河一起流动，与河流两岸的事物一起感受自然和人文的变迁。漂流是一种强调参与、尊重、交流，并始终与大自然保持互动的生活方式。“两岸猿声啼不住”早已湮灭，“轻舟已过万重山”却能昨日重现。

20世纪90年代，“漂流中国”的成员就来到了玉树，对这里的大江大河进行地质科考；到2010年，更是以皮划艇的方式探索了澜沧江；2011年，邀请国际上河流专家和摄影师来到澜沧江进行2次考察；2013年，拍摄了首个关于澜沧江漂流的纪录片，表达了未来让游客用最环保、最原始的人类涉水方式进入神山圣水的愿望；2015年，参与了制订澜沧江源园区的漂流总体规划，希望培养当地的牧民漂流船长；2017年，与杂多县政府组织了国内首个河流音乐节，邀请美国知名乡村乐队和藏族传统音乐人，来到河流边进行中西音乐文化交流，并带领美、澳、英等国家公园建设者和环保组织进行考察；2018年，组织首个“中国国家公园少年巡护员”项目，带领本

漂流澜沧江

路线 > 澜沧江河道
难度 > 低 / 中 / 高
距离 > 约50千米
时间 > 1~3天

澜沧江河道

漂流中国

地青少年进入国家公园，了解母亲河。“漂流中国”希望随着越来越多的中国人参与漂流，“江河文化”也能随之形成和发展。

7月的扎曲河水激荡，迂回旋转，矶石处浪花飞溅。离开了道路和人群，在大峡谷中穿梭的你仿佛是自然中的一个“闯入者”，驻足的马麝、白唇鹿，甚至是棕熊，都在用不一样的眼神打量着你，让你体会到“客人”般那份忐忑与踟蹰。当你在船上时，还会发现只有读懂了水，了解了水势、水的“性格”以及“喜好”，一个好的船长才能顺利漂流而下，带着我们平安到达目的地。

这个地球上的一次大洪水造就了一条河流，它从时间之底流出，奔流过一座座山川和平原，有些岩石会永远留住雨滴，岩石之下是河流的吟唱，这些吟唱只有很少的人能够听懂。

当我们在澜沧江的源头漂流，作为一个“客人”，看到这些眼神里毫无恶意、充满色彩的野生动物时，很难不想为它们做些什么。

当你面对这些自然美景，以及在与人类互动中不断趋于弱势的动物时，你不觉得它们值得、也应该拥有生存的权利或者更好的机会吗？

雪豹的理想栖息地，摄于昂赛大峡谷。雪豹以岩羊为主要食物，“有岩羊的地方就有雪豹”，所以找雪豹可以先从岩羊找起。

2 在澜沧江源体验“自然奇遇”——源区自然

三江源国家公园澜沧江源园区昂赛区域是雪豹种群最密集繁多的区域之一。在这里，青绿的原始森林和赭红的丹霞地貌交错分布，也是全球范围内罕见的雪豹、金钱豹同域分布地区。除此之外，还有猞猁、兔狲和豹猫等其他猫科动物在深邃壮美的峡谷中活跃。

当你走进昂赛开展科考工作，你就进入了神奇的澜沧江源园区野生动物王国，踏上了雪豹与金钱豹同域分布之地；你可以穿行在原始森林分布的青绿河谷间，寻访千万年地质遗迹留下的赭红色丹霞；你也可以感受高原信仰中的神山圣水，在黑帐篷、牦牛群中与藏族同胞共同生息。

昂赛大峡谷的科学考察*

大峡谷雪豹寻踪

路线 > 玉树市—杂多县—昂赛

难度 > 低 / 中

距离 > 约 250 千米

时间 > 4 天以上

1. 大峡谷雪豹寻踪

三江源地区是雪豹重点分布区，也是全球雪豹连片分布最为集中的地区。据估计，澜沧江源园区的杂多县境内有 200 至 300 头健康的雪豹常驻，是世界上雪豹分布密度最高的地区之一。

位于澜沧江源园区的昂赛乡是三江源区域雪豹最重要的栖息地之一，同时也是罕见的雪豹与金钱豹同

昂赛导览图

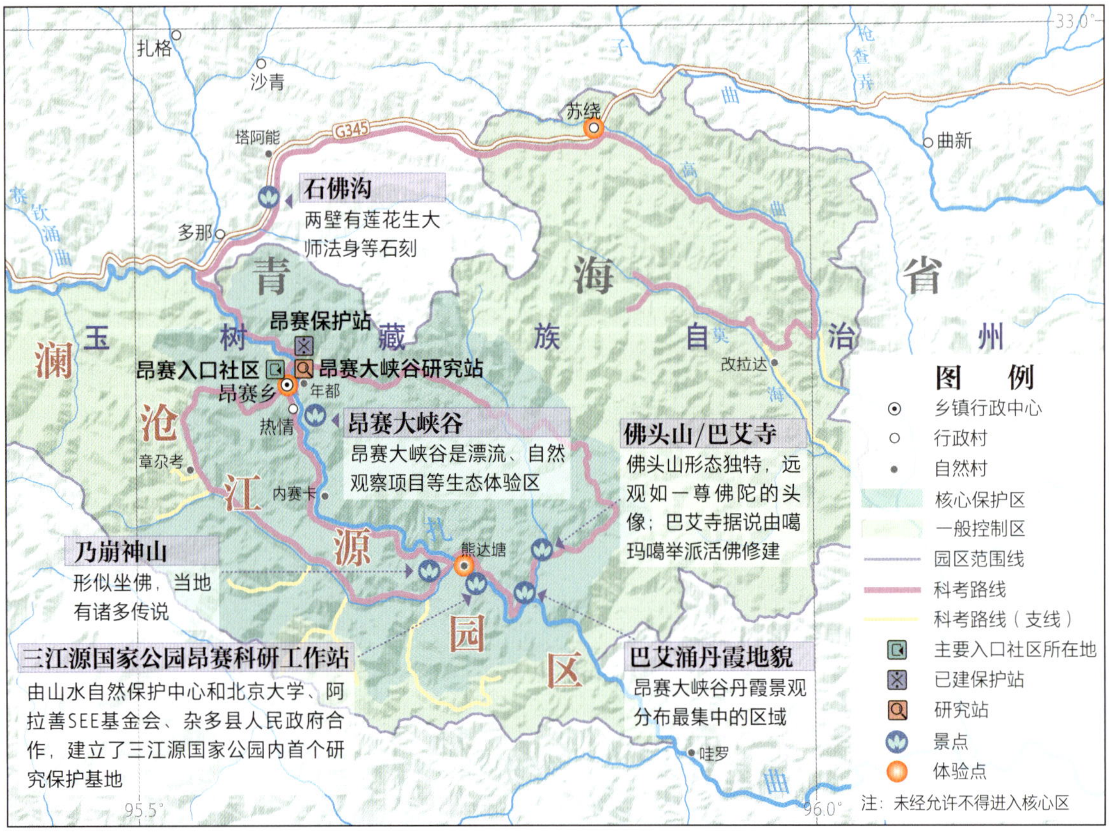

---

* 根据相关规定要求，三江源国家公园核心保护区经批准后可开展科研、科考等工作，其他人员不得进入。自然教育和生态体验等活动，经批准后可在一般控制区进行。

科考者与接待他们的家庭

向导云塔在寻找动物

接待家庭云塔家人

域分布的区域，因此也被称为“大猫谷”。除此之外，还分布有猞猁、兔狲、豹猫等其他猫科动物。

科考工作能促进对雪豹等物种的研究与保护。考察过程中总结出的物种分布及活动节律等信息，可以让我们更好地熟悉动物的习性，也有助于研究人员和公众对当地生态环境的进一步了解，避免人类对它们的打扰。

如何寻找雪豹

雪豹标记

根据雪豹叫声

由于雪豹的声带缺少弹性纤维组织厚壁，通常不能像其他大型猫科动物那样“嗷嗷吼”，只能“呜呜叫”，叫声尾音下落，当地人会说它们是在山里“哭着”。

根据雪豹痕迹

标记：雪豹会用气味标记来宣示领地或进行交流，比如在岩石上蹭脸颊、摩擦背部、排尿排便，其中，在排出粪便和尿液前，通常会先用后肢刨出一个大坑。

刨坑：刨坑是雪豹活动最常留下的痕迹之一，可能起源于掩埋粪便的习性。这些坑常分布于山脊、石滩、大石下，直径一般在 10 厘米左右，有时大的刨坑长度可达 30 厘米。雪豹刨坑时重心在前，因而坑一般前深后浅。刨坑有时单独出现，有时多个集中在一起。坑中偶尔会出现粪便、尿迹，坑周围经常分布有碎石、杂草。在三江源地区，用刨坑做标记的动物仅有雪豹，同样在三江源分布的金钱豹就更喜欢挠树而没有刨坑的习惯。

雪豹刨坑

根据研究经验

活动节律：雪豹主要在夜间活动，伴随着晨昏时段的高峰。多数情况下，它们会选择在峭壁边的阴影下休息。夏季，岩羊等有蹄类动物往高处迁徙寻找更新鲜的牧草，雪豹随之而上。冬季，岩羊会移动到较低的区域寻找积雪较少的草地，雪豹也随之跟踪猎物而下。每年冬季 1—3 月是雪豹寻找配偶的时期，此时气味标记的使用会变得频繁，也能经常听到它们回荡于山谷的叫声。4—6 月雪豹的幼崽降生，3 个月后雪豹母亲开始带着小崽外出。

活动区域：雪豹偏好在高山流石滩山脊、草地、灌丛、较崎岖的地方活动，特别是狭窄的山谷入口、巨大的岩石壁基部、河道交叉处、有石块掩护的翻山垭口等，这类关键的要道处或必经之地会被雪豹反复留下痕迹作为家域的地标，因此可结合各类痕迹进行判断。

岩羊和畜群：在裸岩区如果有很大的岩羊群存在，雪豹很可能就在羊群旁边伺机而动，而雪豹有时会在牧区袭击家畜，也可能在家畜尸体百米开外进行蹲守，这些都会提高目击率。

雪豹爪印

爪印：雪豹通常在泥地、沙滩上留下足迹或足迹链。一般成体的足迹印宽 9 厘米、长 7 厘米，四指围绕掌心呈梅花状。足迹如同“指纹”，可以判断出雪豹个体的成幼或性别。

粪便：雪豹的粪便大多呈圆柱形、球形、长条状，一般无尖端，有少量毛发，最典型的特有特征是粪便中几乎都是一截一截的红柳枝。与犬科动物不同的是，雪豹和其他猫科动物的粪便有圆形的边缘，肠段本身看起来更像球、桶或珠子，而不是香肠。

雪豹粪便

根据本地信息网络

在牧区，牧民每天都爬山、赶牛、巡视周边，对近期何时何处目击雪豹、其状态如何等情况都了如指掌，牧民可以结合自己的长期经验推断观察雪豹的最适宜时间和地点。同时，雪豹出现后也可通过对讲机或网络即时相互交流，尽快赶到现场。

由于雪豹并不一定会出现在固定的地点，因此也可选择以下常规路线，进行动物观察和风景欣赏。

山脊垭口环线

随着气温变暖，动物也会逐渐往大山深处和高处迁徙，因此在更高的地方，既能一览草原美景，又不乏遇到野生动物的可能。本条线将进入年都村山谷深处，翻越多个垭口和山脊，有时会遇到多变天气，在风雨雪霰中穿行，同时开阔的视野可一路看到以莫核拉才为首的被供奉的神山，在垭口背风处停留观景。由于海拔较高，需要注意高反和保暖。

关于莫核拉才神山：在传统信仰中，神山范围内不可进行采集、狩猎、砍伐等活动，因此其附近形成了民间自然保护的核心区，动植物极为丰富。如有机会，可一路从秀美溪谷到神山群脚下，经过较为艰难的路程后进入神山圣境的大门民扎苏纳，一窥信仰之力带来的美好自然。

山脊垭口环线

位　置 > 年都村
交通方式 > 行车
距　离 > 约 21 千米
建议季节 > 最佳季节为夏季，因海拔较高（最高约 4700 米），建议避开冬季。

莫核拉才神山

年都寺溪谷

年都寺溪谷

位　　置 > 苏绕村

交通方式 > 行车 + 徒步

距　　离 > 约 8 千米

建议季节 > 全年

果道沟溪谷

位　　置 > 热情村

交通方式 > 行车 + 徒步

距　　离 > 约 10 千米

建议季节 > 全年

年都寺溪谷

经过位于苏绕村的年都寺，就进入了体现青藏高原和横断山脉交接处典型的断裂地貌的峡谷，这里有终年不冻的神泉、奇石、嘛呢石刻等，有时可见小群岩羊漫步于此。建议首段可步行，其后峡谷开开合合，幽静秀美如世外桃源，可随时小憩观景。

果道沟溪谷

在热情村的果道沟，澜沧江的支流小溪清澈、平缓地流过溪谷，两侧山谷灌木和森林交错，秀美亲切，可结小队下车，徒步或小憩观景。由于水质很好并且溪岸平缓，加之林灌木和地形山石的遮蔽，整个溪谷常常有不同的动物来此饮水栖息，而谷中两侧山脉相距极近，也很适合定点观察山坡上的动物行踪。

拓展阅读

由牧民作为向导，带领体验者不仅有机会听到真实的保护故事，还能听到很多与动物有关的有趣说法，在一定程度上，一些故事还能够帮助我们更好地去理解这种动物的形态、习性等。

白唇鹿与盘羊的故事

从前，莲花生大师需要过河，他请求盘羊驮他过去，但盘羊拒绝了。白唇鹿过来帮忙载他过去，大师问白唇鹿有没有什么愿望。白唇鹿说，我没有什么大的愿望，只是不想让我的角如此又丑又沉。大师满足了白唇鹿的愿望，让它的角每年脱落更新，并且越长越好看。同时惩罚了盘羊，让它的角不停地生长，并永不脱落。

白唇鹿换角对比：左侧年轻的白唇鹿旧的角已经脱落，正在长新角，右侧白唇鹿因为年纪大或疾病角没有脱落。

胡兀鹫的故事

喜鹊和胡兀鹫去拜访蝙蝠，蝙蝠正在炒青稞，一不小心掉到大锅里，喜鹊赶快跑去找人帮忙，让胡兀鹫在这里守着。过了一会喜鹊回来，没有看到蝙蝠，就问胡兀鹫，胡兀鹫说，我没忍住，一口把蝙蝠吞到肚子里了。喜鹊非常愤怒，拿起旁边舀酸奶的勺子，狠狠打了胡兀鹫的脑袋，黄白色的酸奶从胡兀鹫头顶流到脖子上。从此，胡兀鹫就变成了现在这种头颈覆黄白色羽毛的样子。

胡兀鹫

拜访昂赛科研工作站

路线 > 玉树市—杂多县—昂赛科研工作站

难度 > 低

距离 > 约250千米

时间 > 1天

2. 昂赛科研工作站"话"保护

沿扎曲行进，昂赛大峡谷初现其貌，两侧山谷起伏开合。接近工作站处，对岸乃崩神山似坐佛形象映入眼界，可以感受到流水和自然之力千万年来对环境的塑造。三江源国家公园昂赛科研工作站建立于2014年，承担着澜沧江源园区昂赛乡科学研究和志愿者参与等工作，主要由山水自然保护中心、北京大学自然保护与社会发展研究中心运营和使用。昂赛科研工作站由非永久集装箱建设而成，自建成以后已经成为了当地的一道风景线。

实际上，整个昂赛科研工作站就像一个巨大的"日记本"，记录着保护工作的方方面面，以及保护工作者生活中的酸甜苦辣。在距离昂赛科研工作站一百米左右的路边，有一个环保公共厕所，再近一点则是一个小型基站信号柱，工作站西侧是十多块太阳能板组成的小型光伏电站，东侧有新近打好的水井。这些设施在建站之初并未建设起来，因此，早期保护工作者需要克服没有厕所、信号、电力、水源等诸多困难，长期驻扎此处开展大量工作。

进入工作站，藏式风格的装饰和保护工作的展示，很好地呈现了基于社区的自然保护工作对"传统"与"科学"的结合。作为牧民们的好邻居，工作站不仅为各高校和机构的科研团队提供了长期驻站和信息交流的场所，还承担了社区活动中心的功能。工作站人员既要对当地牧民进行科普宣教、组织小组学习、放映电影等，又同时提供用电、打水、翻译、交流等生活服务。

在雪地和星空下的昂赛科研工作站

拓展阅读

昂赛科研工作站小故事——做了这么多年防熊扒，我们也被熊扒了！

最早的时候，昂赛科研工作站还没有煤气和取暖器，只能捡牛粪生炉子做饭和取暖，烟囱从房顶伸出。2018 年 10 月 15 日清晨，回城休整的工作人员突然接到了牧民的电话：“快回来看看，你们工作站被棕熊扒了！”

据牧民说，前一天夜里睡觉前他听到工作站的方向有响动，出门举着手电一照，正好看到一只硕大的棕熊从扒开的铁皮窗里跳出来，吓得他赶紧跑回了家。天亮再过来查看，发现了留在雪地里的两串脚印，于是急忙跑到有信号的地方，给我们打了电话。

等大家匆匆赶回工作站时，眼前的景象让所有人倒吸了一口凉气，情况比想象的还要严重：屋顶的一角敞开了一个大洞，破碎的木板和玻璃散落得到处都是，开裂的隔墙倾斜移位，扯断的电线吊在半空，损坏的家具和设备倾翻在地……

这只调皮的棕熊本想趁工作站无人时来寻找食物，绕着铁皮建成的房屋走了几圈都没有找到入口。于是它蹬着阳台的木栅栏爬上了屋顶，却一不留神踏在了为炉子通风临时搭建的木板上，一下从房顶坠落下来，扯断了嵌在天花板四周的电线，砸翻了铁皮炉，也擦伤了自己手脚。吓坏的棕熊已经无心寻找食物，四处冲撞着寻找出路，最后在慌乱中砸开了房屋的铁窗仓皇而逃……

有了这次经历后，保护工作者更加深切地体会到了棕熊扒房子给牧民生活造成的恐惧和不便，便继续推进防熊工作。为了减少人熊冲突给牧民带来财产损失，同时避免棕熊肇事引起报复性猎杀，山水自然保护中心也在尝试与当地政府合作，在部分地区建立了“防熊试点”。

3. 碧水丹山的巴艾涌丹霞的科学考察

在昂赛峡谷的巴艾涌丹霞区，丹霞地貌艳丽多变，风景壮美，同时分布有多处名胜古迹，用脚步丈量和感受是再合适不过的观赏方式。在这里，你能看到天空晴蓝高远，云朵洁净柔软，山顶石灰岩银白闪耀，片片丹霞赭红赤橙，苍郁柏林缀点青绿草山，澜沧江水浑黄奔腾。

从乃崩神山开始，丹霞景观密集出现。乃崩神山形似巨大的坐佛。当地有很多关于乃崩的传说故事，有一些掺杂着当地亦真亦假的历史，如关于巴艾寺的

巴艾涌

人熊冲突的起源；有一些是和其他山神之间的关系和轶事，如乃崩与杂给穷肖打架争夺玛日尕扎赛（均为当地山名）。当地人对这些传说故事如数家珍，这也是一种了解此地山水景观和人文历史的途径，可以由

此感知它们是如何融合起来并形成当地人心中的“故事地图”。

继续前行，就来到了巴艾涌，这里是丹霞景观分布最密集的区域。首先映入眼帘的是佛头山（四面佛），形态独特，远观如一尊佛陀的头像，又如传扬佛法的法器海螺。从吉日沟循山而上，便是巴艾古寺，据传由噶玛噶举派高僧丹巴桑杰活佛修建，该活佛常年在山洞中闭关修行，后来功德圆满修成正果。寺后是吉日沟古塔，目前为省级文物保护单位，已有约700年历史。古塔原有三座，现存两座遗迹，一座较为完好，塔身绘有色彩古朴清晰、线条明快流畅的千佛像和护法神画像。

其间，可在江岸边寻一处避风高地进行露营。三江源的光污染很轻，因此远离城市的大峡谷也是一个绝佳的观星地点。在晴朗的夏日夜晚，当天空变得黑暗而纯净，可一探宇宙奥秘，一览群星璀璨。此时银

碧水丹山的巴艾涌丹霞的科学考察

路线 > 玉树市—杂多县—巴艾涌丹霞

距离 > 约250千米

时间 > 1天

乃崩山

河、星云仿佛触手可及，有时还有流星划过天际。这里每年有两段最佳的流星雨观赏时期：8 月中的英仙座流星雨和 12 月中的双子座流星雨。那时，每小时将有 120 至 160 颗流星划过天空。

拓展阅读

与巴艾寺有关的故事

从前，在乃崩山下游巴艾涌的吉日沟半山，坐落着古老的巴艾寺。有一位小僧人来到这里，给活佛做了徒弟和管家。尽管这位小僧人看起来是个普通人，但活佛却慢慢发现，他可以在一天之内骑马来回拉萨办事。活佛感到非常疑惑和好奇，便跟小僧人说，我也想去趟拉萨，而你肯定也不是凡人，是有法力的人，能不能让我骑你的马去一回。

小僧人说，既然你都这么说了，我就答应你，但你不能动马鞍和坐垫。于是，活佛骑上马转山去了。回来的路上他上了个厕所，再看马时觉得非常好奇，这匹马既不出汗，看起来也不累，然后他掀开马鞍，发现里面别无他物，只有满满的蛇。

活佛感到十分害怕和愧疚，当天没能回来。再回来时，小僧人说，你没在当天回来，肯定是没遵守约定，以后我也不能一天来回拉萨了。活佛说，这不是你的错，不过你能不能给我看看你的真面目。小僧人说，那这样吧，明天太阳升起来的时候，你可以从你的小屋里看一下，不过你不要害怕。（另有说法，小僧人每天到山下江里打水都只用几分钟时间，于是有一天活佛就跟着去看，发现小僧人一只脚在江这头，一只脚在江那头，活佛才开始怀疑他有法术。）

第二天清晨，活佛听到风吹树摇的巨响，从窗户里望去，果然看到小僧人以护法神的蛇形象出现，蛇身像澜沧江一样粗。他一只脚在对面，一只脚在活佛的修行小屋这里。巨大的蛇头探进小屋，活佛赶快拿起金刚杵砸向蛇脑袋，蛇消失了，又变回了他的徒弟。小僧人头上流着血，看到活佛拿着法器，愤怒道，你怎么能打我呢？然后就离开了。

此后，巴艾寺就一直有熊灾，这位活佛和僧人们都被熊吃了，后来只要有僧人来修行都会被吃掉。实际上，小僧人是乃崩的化身，如今它头上破裂的地方就是活佛用法器打的，而熊则是他派来的家畜。最后大家实在没有办法，就决定将寺院迁走，搬到宝热通附近一个海螺形状的洞里。

安顿下来的一两年内，活佛开始觉得不甘心，想要把寺院的条件弄得更好一点。有一位修行者来帮忙，在山洞里立起一些大柱子，扩大了寺院面积。但是在这之后，熊又开始造访此地，破坏寺院，伤害僧人。而吃惯了僧人后，熊又开始吃老百姓，吃人吃多了身上就开始掉毛，看起来是红色的，好像人一样。

于是，活佛派人去问修行者有没有建议，修行者说他的闭关时间还有九天，不能出来，让他的助手先跟着过来。结果，九天之后再去拜访修行者，发现他已经被熊吃了。在大家收拾修行者物品的时候，在床底下看到有一封信，信中说自己无能为力，侵袭寺院的熊是半熊半鬼，必须找到更加厉害的人来解决，不然事情只会越来越可怕。

大家想到了一个有长枪的猎人，便请他来到巴艾涌对面的热情村，猎人拿着长枪一下就打死了熊。在那边白色的山上住了另一位僧人，他把熊头骨拿来埋在半山腰，用石头压着，说绝不可以再拿出来，因为这样熊又会变回来吃人，而这个埋熊头骨的地方就叫“人头熊头”。

与囊谦觉拉寺有关的故事

有一位囊谦觉拉寺活佛看到乃崩神山外观奇特好看，就想把乃崩迁到自己这里，他跟僧人们说，我们去昂赛走一趟吧。大家都觉得很麻烦，便不情愿地跟来了。等到了乃崩这里，活佛就把鞋子脱下来，把乃崩装进去。在回去的路上，行李被装在驴子的一侧，没有摆放平衡，所以驴子走着走着，在到巴艾涌的半路上掉进江里去了。

管家看到后心想，这活佛真是事儿多，非要走这么一趟。于是他拿起鞋子，解开鞋带，把鞋口倒过来抖抖，里面突然蹿出一个小男孩，披着红布，像一阵风一样跑了。管家心里紧张起来，害怕活佛责怪他。不过，活佛却说，唉，这个事没办成。

漫步地青

地青村位于三江源国家公园澜沧江源园区内的扎青乡，村内的主要河流——布当曲是澜沧江上游的重要支流。布当曲由地青保护地内不同雪山融化的雪水汇聚而成，这些水流冲刷出不同的河谷，造就了地青壮阔的高原草甸风景，成为野生动物们和当地居民赖以生存的家园。在地青，人们可以感受到青藏高原形成时的余温，地青北部的山区分布着大大小小的温泉，是由地下未冷却的岩浆释放热量而形成的。

在地青，不仅可以观看到原真的野生动物，也可以了解这里的人与自然的故事，感受当地人对于自然的敬畏和他们千百年来与自然的相处方式。地青拥有丰富的故事和文化底蕴可供来访者探索。

地青的牧民家、河流和山

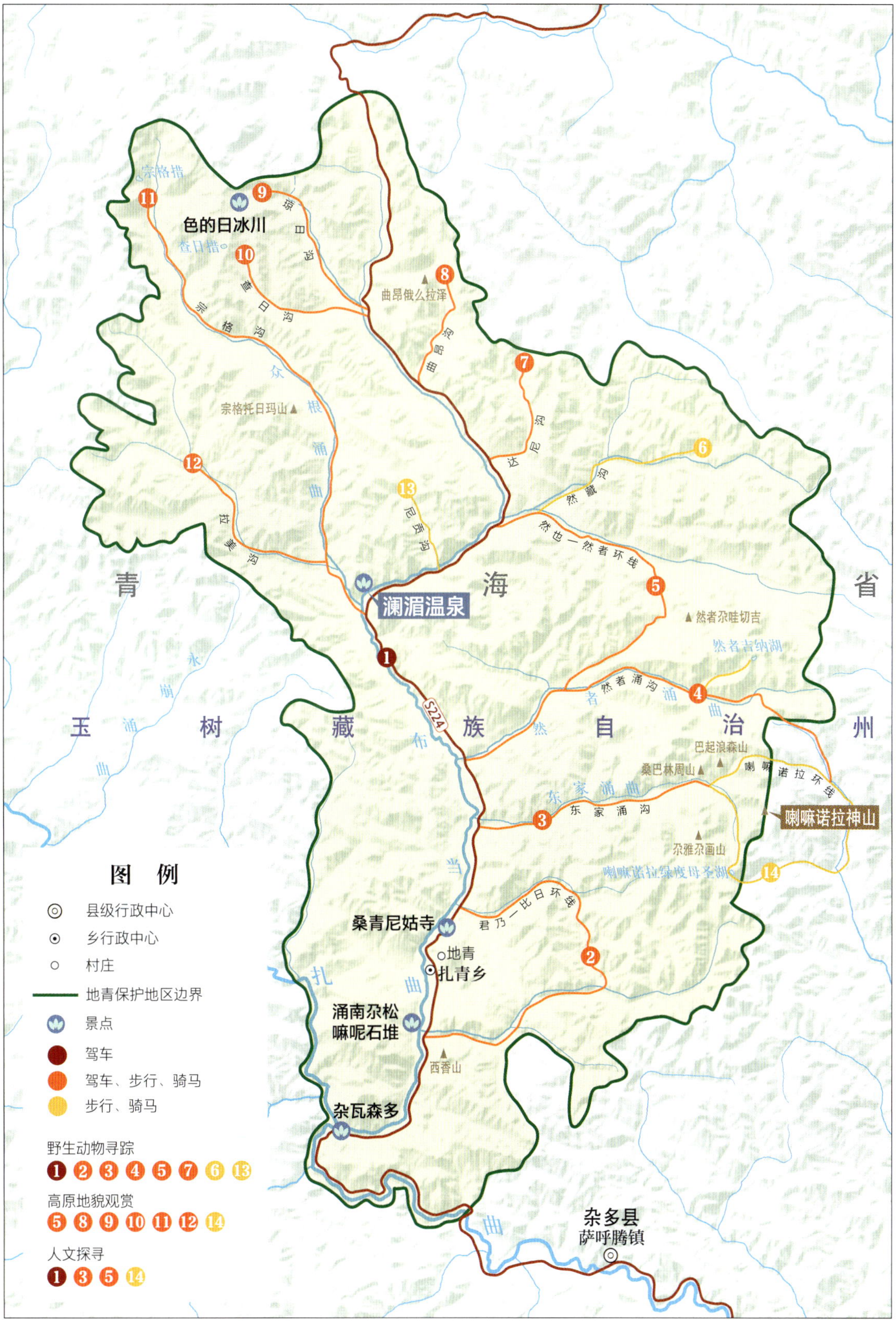
色的日冰川
澜湄温泉
桑青尼姑寺
涌南尕松
嘛呢石堆
杂瓦森多
喇嘛诺拉神山
地青
扎青乡
杂多县
萨呼腾镇
S224
青
海
省
玉
树
藏
族
自
治
州
曲昂俄么拉泽
宗格托日玛山
然者尕哇切吉
巴起浪森山
桑巴林周山
尕雅尕画山
西香山
然也一然者环线
君乃一比日环线
喇嘛诺拉环线
图 例
县级行政中心
乡行政中心
村庄
地青保护地区边界
景点
驾车
驾车、步行、骑马
步行、骑马
野生动物寻踪
1 2 3 4 5 7 6 13
高原地貌观赏
5 8 9 10 11 12 14
人文探寻
1 3 5 14

地青自然体验路线图

目前，地青村通过多轮的社区会议、培训和实地调研，已经规划出了一些初步的自然教育路线，几乎囊括了目前地青所有可以步行到达的区域。在未来，地青希望可以面对更多公众开放。

1. 初级路线（行车 + 停留观察）

主沟穿越线（路线①）

距离：106 千米

从西香山口进入地青村，会先经过一段挂壁公路，如果运气好，或许能在这里见到白唇鹿在低处饮水，经过杂瓦森多——扎曲和布曲的交汇处，宽阔平缓的草甸慢慢向上延展直到触及石山的边缘。在观赏景色的同时也不要忘记找找藏狐与赤狐。到了与拉美沟的交界处，你可以左转去好好享受澜湄温泉，也可以沿着义彻沟继续往北，这里的牧场较少，是野生动物们的乐园。如果是在雪季，随着海拔的升高，这里的积雪越来越深，你能在这见到真正的冰雪世界。

2. 中级路线（行车 + 少量徒步）

君乃—比日环线（路线②）

距离：44 千米

从君乃涌进入，你能在行车途中寻找雪豹和猞猁的身影，在行车路线的终点，你能徒步一小段距离去见尕雅尕画山。“尕雅尕画”意为常年积雪的山，每年夏天融化的溪水是布当曲重要的支流之一。

东家涌沟（路线③）

距离：18 千米

东家涌是雪豹们偏爱的草场，也是地青人心目中最大的神山区。东家涌的深处是喇嘛诺拉神山转山线

U 型山谷，在地青村是很常见的一种山谷

路的起点，起点处是两个并肩的小山丘——巴起浪森山和桑巴林周山，意为平平安安和心想事成。桑巴林周山有一个小山洞，可以在向导的带领下测试一下自己是否会心想事成。

然者涌沟（路线④）

距离：34 千米

从然者涌进入，路途中可以见到然者尕哇切吉八兄弟山，传说然者山神是由一位骑着黑山羊的铁匠当津尕哇闹布化身而成的八个山头，他们披着黑色的外衣，守护着这片土地。这里也是兔狲偏爱的生境，也许某一块石头背后就有这种害羞小猫的身影。

然也—然者环线（路线⑤）

距离：36 千米

从然者涌的入口进入，行车穿过然者尕哇切吉，来到然藏沟与然也沟的交点，沿着然也沟来到主道上。这里的迪南卡多山是赛马的场地，偶尔会有村民自发组织的赛马活动。

达尼沟（路线⑦）

距离：11 千米

然者尕哇切吉八兄弟山
地青赛马节

拉美沟（路线⑫）

距离：14 千米

拉美沟的入口处有地青最大的一处温泉——澜湄温泉。村里出资修建了水池，访客可以在此泡澡，享受高原天然温泉带来的轻松。当地人相信温泉也有治疗疾病的作用。拉美沟中风景秀丽，其中在拉美勒单卡小峡谷偶尔有水獭出没。另一条路线达尼沟深处的路有石头挡住，却也是水獭偏好的区域。

曲昂沟（路线⑧）

距离：12 千米

曲昂沟深处的曲昂俄么拉泽意为白山白水的山，是地青的一处常年冰川。近年才因为山体滑坡，形成了一片新的湖。

琼日沟（路线⑨）

距离：20 千米

查日沟（路线⑩）

距离：10 千米

宗格沟（路线⑪）

距离：36 千米

色的日冰川当地又叫琼日冰川，是澜沧江源园区最大的冰川。这里有火山岩浆流出形成的火成岩、侵入岩，带着幽幽蓝色的冰川，以及冰川融化形成的冰斗湖。色的日冰川有着丰富的地质资源，见证着气候变化下的雪山变迁。虽然琼日、宗格、查日沟均由同座冰川融水形成，但在琼日沟更能领略冰川的风采。

3. 高级路线（徒步 / 骑马）

喇嘛诺拉环线（路线⑭）

距离：35 千米

喇嘛诺拉，全名叫宗钦喇嘛诺拉，“宗钦”是这

色的日冰川

喇嘛诺拉神山

里有很多宝物的意思，“喇嘛”是上师的意思，“诺拉”是招财的意思。据说，喇嘛诺拉山以前叫“蒙雅玛”，莲花生大师在此地修行了一段时间。公元 1863 年，伏藏大师德钦曲杰郎巴在此地开启伏藏，取到了莲花生大师留下的稀有宝物，称此地像莲花生大师化显的财神形象，所以改名为“喇嘛诺拉”。

尼贡沟漫步路线（路线 ⑬）

距离：5 千米

尼贡沟是位于主路旁的一个狭窄山谷，有许多野生动物出没的痕迹，让徒步的过程充满乐趣。尼贡沟总长 5 千米，可以选择在任何一处折返。

然藏沟盘羊寻踪线（路线 ⑥）

距离：18 千米

然藏沟的入口是森么文尕山洞，岩壁上天然形成的孔洞是许多鸟儿们筑巢的首选，它们进进出出，十分热闹。岩壁下的草坡被蝴蝶们所偏爱。而森么文尕山旁边有一处垭口，风景壮美，也是雪豹喜欢驻足的地方。

穿过森么文尕山洞，彷佛穿越进了只有野生动物的世界。这里没有任何牧场，是野生动物的天然乐园，有着地青最神秘的物种之一——盘羊。

然者涌的彩虹

澜沧森林中鸟类考察

昂赛大猫谷不仅有令人向往的雪豹和丹霞，在峡谷山间错杂的乔灌木林中，也栖息有多种鸟类，其中狭域分布的藏鹀、棕草鹛等中国特有种，在海内外观鸟人群中享有一定的名气。继续沿着澜沧江顺流向下，来到囊谦县白扎林场，可以使观鸟之旅更加多彩。囊谦县目前尚未划入国家公园园区，但由于其拥有大片川西云杉林，是澜沧江上游极为独特的生境。对于那些想要在多样性丰富的森林里观鸟的“鸟人”，更值得一访。

白扎林场位于玉树藏族自治州囊谦县南部，总面积约为 7.4 万公顷，海拔在 3650 ~ 5100 米。林区处于青藏高原向横断山脉的过渡地段，地势高峻，山势主要呈南北走向。流经该林区的主要河流是澜沧江上游的支流——昂曲和巴曲。在 1998 年国务院颁布禁伐令以前，这里很长一段时间以来都面临着大规模采伐木材的问题。通过禁伐和封山育林，林场内部植被逐渐恢复，如今风吹林海响，已是一副郁郁葱葱的模样。此外，玉树藏族自治州著名的临崖寺庙尕尔寺就坐落在白扎林场，在此可居高临下地俯瞰整个峡谷，美不胜收。

白扎林场内阳坡主要发育有大果圆柏林，阴坡主要发育有云杉林，林下的高山灌丛常见金露梅、鬼箭锦鸡儿等，植物多样性非常丰富。林区之上，也有与天相接的草坡和流石滩裸岩。复杂多样的地形和植物资源同时孕育着鸟类多样性。根据中国观鸟记录中心的公开数据，截至 2024 年 6 月，白扎林场内鸟类共记录到 103 种。

澜沧森林中鸟类考察

路线 > 玉树市 / 昂赛大猫谷 / 囊谦
难度 > 低
距离 > 约 250 千米
时间 > 1 天或以上

白扎林场风景

藏雪鸡

黄喉雉鹑

白马鸡

暗绿柳莺

白喉红尾鸲

白腰雪雀

蓝额红尾鸲

拓展阅读

对于已经有基础的“鸟人”来说，如何观鸟这个话题自不必多谈——一台望远镜、一本图鉴，有条件的再来一台相机、一台录音设备，剩下的只需要耐心和一点运气。对于零基础的自然爱好者而言，想要开始观鸟既可以说很简单，也可以说有些复杂。简单，是因为它可以很轻便，拿着望远镜和图鉴就可以在野外开始学习。只要你热爱在自然中行走，或直接在一个点坐守，就一定能有所收获。复杂，则是指鸟类的辨识有一定的学习成本：从外形容易辨识的物种，到需要用声音进行辅助辨识的物种；从识别出物种，到识别出个体的性别和年岁——这个过程如同探索巨树的根系，愈往下深挖，愈发现其盘根错节，当然，也会萌发出更多的趣味。

说一下观鸟最根本的两件“装备”——望远镜和图鉴。望远镜的选择通常有几个考虑角度，最基础的一是放大倍数，二是物镜口径，相对次要的就是光学、机械性能和样式等。放大倍数通常有 8 倍和 10 倍之分，8 倍放大倍数小但轻便，视野更亮更宽敞，比较容易找到鸟，而 10 倍放大倍数大但更沉，视野较暗、较局限，对于新手而言找到鸟的所在会更困难，但因为放大倍数大，视物的细节会更清晰。物镜口径关系到视野的大小和视场的亮度，通常而言，物镜口径越小，视野越小，视场更暗；口径越大，视野越大，视场越亮。以方便携带著称的口袋镜，就属于口径小、视野暗的典型。望远镜的光学、机械性能和样式也会影响到使用感受，同时也会影响望远镜的价格，在此就不过多赘述。

三江源国家公园自然图鉴

中国鸟类观察手册

图鉴的选择上，一般有照片图鉴和手绘图鉴两种。照片图鉴更真实，但所囊括的羽色和羽毛状态的情况可能比较有限；手绘图鉴则肯定不如照片图鉴来得真实，但可以绘制不同季节、不同年龄、不同性别的鸟类特征，有的手绘图鉴还会描绘出该种鸟类的生境样式，有一定的参考价值。在三江源地区，可以选择参考 2021 年由三江源国家公园管理局和山水自然保护中心一同编著的《三江源国家公园自然图鉴》，这是一本照片图鉴，收录了三江源鸟类 263 种。此外，书中还收录了三江源哺乳动物 59 种，两栖动物 6 种，爬行动物 8 种，植物 395 种。当然，还可以选择参考同为 2021 年出版的手绘图鉴《中国鸟类观察手册（*The CNG Field Guide to the Birds of China*）》。手绘图鉴中清晰展示了各个物种的外形特征，文字部分描述了物种的栖息生境、习性、国内分布和鸣声，兼具收藏与查询的价值。

在野外观鸟的过程中，需要尽量保持安静，并对这项活动赋以足够的耐心。鸟类大多怕人，如在行进中过于聒噪，势必会将鸟们吓进草木深处，同时，大声说话也会对寻找和辨别鸟类产生影响。当听到一个陌生的声音时，就需要每一位“鸟人”有足够的耐心去寻找声音的来源——性急的人可能会选择将这只鸟惊飞或用录音回放将其引出，以便见其真面目。这种做法总体而言是不推荐的，因为这可能会对野生动物及其栖息地造成伤害，且可能会损伤野生动物的自然属性——毕竟对于野生动物而言，“野”大概是它们的最迷人之处。

观鸟场景

澜沧江源识花问草

在澜沧江源区开展科考工作，裸岩冰川、高寒草甸草原、灌木丛、针叶林、湿地河流自上而下发育，形成垂直植被地貌景观，显示出比较完整的草原—森林生态系统和生物多样性景观系统，因此源区也被称为“地球‘第三极’自然景观资源的自留地”。

如果你漫步进入针阔混交林，你会发现，澜沧江源园区昂赛区域内集中分布着世界海拔上限（2800～4600 米）的大果圆柏原始森林，而一同分布的灌丛在增加生物群落多样性的同时也提高了生态系统的稳定性。自然观察中常见的灌木有百里香杜鹃、山生柳、金露梅、银露梅、匍匐水柏树、西藏沙棘等。此片区

澜沧江源识花问草

路线 > 昂赛或其他区域

难度 > 低 / 中 / 高

距离 > 不定

时间 > 1 天或以上

植物地貌垂直分布

域同时为动物提供了丰富的生存空间，在观察植物的过程中可多留意。

在水分比较充足的阴坡和湿地中，你可能会看到高原典型的灌木丛。雪层杜鹃、金露梅、银露梅等灌木丛，这些植物的花集中在6—7月绽放，如果有机会偶遇杜鹃花丛，满眼的紫色给予的视觉体验，一定会让你流连忘返。在这些灌丛中，因为种子萌发条件较为优渥，通常更容易看到高原的明星物种，如全缘叶绿绒蒿、红花绿绒蒿、多刺绿绒蒿等绿绒蒿属的植物，这些植物的花朵大而鲜艳，很容易被观察到。除此之外，在灌丛中也有一定的概率能看到零星低垂的贝母。

多刺绿绒蒿

杂多点地梅

四裂红景天

钟花报春

如果你低下头俯身观察草甸，你会发现，源区的草地类型主要以高寒草甸为主，间有部分高寒草原、高寒沼泽草甸及山地疏林草地。最常见的优势物种为莎草科植物，如嵩草、薹草均为食草动物喜食的优质牧草。

当你在高原流连，在目光所及的草地，经常会看到满地的黄色花朵。这些乍看上去像是一枝独秀，但当你仔细甄别就会发现其实是好几种植物簇拥在一起。在这些黄色花朵中，除了广布种蒲公英外，最常见的有矮金莲花、毛茛、鹅绒委陵菜和驴蹄草，有时候靠近河流或是在湿地草甸中也能看到垂头菊属和马先蒿属的黄色花朵。

高原上还有一类颜色的花比较常见——蓝紫色，这是植物吸收紫外线、防止繁殖受损的进化策略之

独一味

全缘叶绿绒蒿

一。这类的花出现在不同科属的植物里，在野外常见的有独一味、鼠尾草、翠雀、湿生扁蕾、乌头和兰石草。

如果你不辞辛劳爬上流石滩，你会发现，流石及碎石区域通常位于海拔 4500 米以上，区域内的物种与高寒草甸形成显著的差异，大部分为多年生植物。绝大部分物种需要很多年的积累才能从石缝中积累足够的营养，完成生活史，以四裂红景天、水母雪兔子、喜山葶苈及簇生柔子草为常见种。

在海拔上升到 3500 米以上的流石滩，我们能观察到的植物与山坡或山下的植物会有较大差异。在乱石嶙峋的贫瘠环境中，特有种、保护种大概率会巧妙地定居在狭小的缝隙中，比较容易看到的通常有雪兔子、红景天等。

拓展阅读

莎草科为主的植物群落是高寒草甸的建群优势种，它通常会形成致密的草甸层，对冻土层的维持及水分的涵养等都具有重要的生态功能。青藏高原草甸退化已成为一个亟待解决的环境问题，而在种质筛选中莎草科植物由于结籽率低、难建植等原因未能入列，取而代之的是本地驯化的豆科、禾本科植物。

唐古特红景天

位于囊谦县至白扎乡路上的一座寺院

3 踏上澜沧江源人文之路
——源区人文

与长江源区、黄河源区相比，澜沧江源区可谓“藏在深闺人不知”，时至今日仍然有很多人并不了解江源在何处，而这里的人文历史也更加神秘。但仔细探访，你就可以发现，这里曾经是游牧部落兴衰生息之地，格萨尔王曾在这里留下许多故事，文成公主也曾途经此地进入西藏……

寻访“格吉杂多”的过去与现在

过去杂多地区曾由格吉、仲巴两部族统领，因此现在当地人也常常自豪地称此地为“格吉杂多”或“格仲部落”。长久的部落历史和高原生活给这个地区带来了丰富的文化遗存，不过，它们或许藏在藏文文献里，或许藏在长者记忆里，或许就藏在你即将路过的地方，需要你耐心地去发现和探索。

从玉树藏族自治州结古镇来往杂多县的必经之路上，会路过石佛沟。石佛沟两壁有莲花生大师法身、六字真言等各种石刻，在一千米左右的狭窄山谷中，各种形态和色彩的石刻不停变换，大大小小地布满了

寻访“格吉杂多”

路线 > 玉树市—石佛沟—澜沧江第一弯—杂多县—瓦里神山—日历寺

难度 > 低

距离 > 约 220 千米

时间 > 1 天或以上

石佛沟

两侧石壁，游客仿佛进入了天然画廊。在即将进入杂多县之前，我们将看到“澜沧江第一弯”。这是澜沧江一个急剧回转的U形大弯，从前的老路是依弯而行，现在的路则直穿过去，可以更直观地感受这山高水急、峰回路转的壮美风景。

不多久，我们就进入了“澜沧江源第一县”“中国虫草第一县”“中国雪豹之乡”——杂多县。在近现代之前，处于青、藏、川交界地带的澜沧江源区形成了多条商贸线路，杂多县作为线路上的重要站点和销售点，包括湟源—倒淌河—野牛沟—清水河—结古—格吉部落、印度—拉萨—那曲—格吉部落、打箭炉（康定）—歇武—结古—格吉部落等。

而如今，冬虫夏草是杂多的主要产业之一。地处唐古拉山北麓的高原区域，杂多县平均海拔4290米，

杂多县昂赛乡澜沧江峡谷

杂多县城

碱性土壤中矿物质金属物质含量丰富，昼夜温差大，日照充足，加上适宜的空气湿度，使得这里出产的冬虫夏草以色正、体满、营养价值高闻名于世。如恰逢冬虫夏草售卖季节，在城中可见人头攒动、聚集买卖的场景。

杂多县城向西 5 千米处澜沧江边瓦里沟口，便是瓦里神山，其藏语意为发光的珠宝，是杂多地区最早

认定的三座神山之一。神山外形在不同的方向呈现不同的形状，有时像雄狮的昂然姿态，有时又像发光的珠宝。山腰间是当地人祭祀的经幡。山间有莲花生大师修行洞、益西措嘉修行洞等十几个禅修洞。这些修行洞附近有奇特清泉，传说莲花生大师加持神山时，由空行母瓦拉赫把后藏阿里玛旁雍措神湖的湖水引到此地，以便于修行者饮用。杂多当地人历来认为，饮用此水者，可神清气爽、智障全消、耳聪目明、强身健体。神山脚下围建了很多嘛呢石堆和宝塔。每逢碰到佛事，以及藏历十五、三十，当地人就会到瓦里神山转山朝拜，在朝拜中会放飞风马、煨桑、磕长头。

杂多县主要的寺庙有斯日寺（又名日历寺）、佐青寺、扎西拉武寺、曲林寺等。其中最为知名的是斯日寺的《静猛生死轮回剧》，已有300多年的传承史，是玉树藏族自治州唯一列入省级非物质文化遗产名录的宗教大戏，于每年的藏历3月13至15日演出。该剧内容主要是从宗教阐释的角度，宣扬了佛教思想。观众在舞剧表演期间，既是欣赏者，也是朝拜者，人们认为观看一次斯日寺的轮回剧，等同于接受一次法会的灌顶和加持。

《静猛生死轮回剧》的表演

瓦里神山

在澜沧江源与格萨尔王同行

格萨尔文化在杂多县源远流长。据调查，现今我国境内尚有百余名格萨尔说唱艺人活跃在民间，而杂多县就有 26 名艺人，可谓“格萨尔说唱艺人之乡”。《格萨尔王传》是流传在广大藏族地区及其他部分民族地区的藏族古老英雄史诗，也是世界上最长的一部英雄史诗，拥有百余部本和不断被更新数据的篇幅，其产生、流传、发展和演变的过程离不开说唱艺人的辛勤努力。每年杂多县都会举办格萨尔王史诗说唱艺人比赛，而艺人们也会在诸如生态文化旅游节或赛马节等大型节日上表演。2021 年，“格萨尔神授艺人之家”在杂多县图书馆正式开馆，为艺人们提供了传承、弘扬和交流格萨尔传说的平台。

离开县城之后，还可实地拜访杂多县的若干格萨尔王遗迹。据记载，扎青乡是大食财宝宗的所在地，而昂赛乡是桑阿赛玉石铠甲宗的所在地。其中，大食王国藏有七宝，格萨尔征服了大食牦牛财宝宗，获得七宝并将其分给了整个青藏大地，从此之后牦牛开始繁衍雪域大地。因而，扎青乡也获得了“高原之舟牦牛故乡”的美名。在扎青，可以看到眼睛湖——据说大食国王所骑宝座就是从这两只眼睛一般的小湖泊中奔出，至今还能听到湖中牛马嘶鸣；还有珠姆沐浴瀑布——据说是由格萨尔王赐给珠姆王妃，因王妃路过沐浴于此瀑布而得名；也可以看到圆形的巨石阵——大食王国的灶台，可见其武士们如同巨人一样的身材等。

在囊谦境内则流传着格萨尔王藏戏和法舞。每年 8 月，娘拉乡多伦多村演绎格萨尔王母亲郭萨拉姆

在澜沧江源与格萨尔王同行

路线 > 玉树市—杂多县—格萨尔神授艺人之家—扎青乡（眼睛湖、珠姆沐浴瀑布等格萨尔王遗迹）/ 昂赛乡（桑阿赛遗址）/ 囊谦县

难度 > 低 / 中

距离 > 约 250 千米

时间 > 1 天或以上

音频：格萨尔说唱

达那寺

的故事及郭岭大战的戏剧；吉尼赛乡要格村演绎格萨尔与国师之间的戏剧故事。而达那寺每年8月11日会举行为期7天的格萨尔王护法大法会，进行格萨尔法舞表演。此外，寺内还存放着许多传为格萨尔及其部将的遗物，也被很多当地人视为格萨尔王的家寺。

格萨尔王说唱艺人表演

在澜沧江源区的山水间追寻格萨尔王，就像是在阅读一本无字之书。你可能无从分辨这些湖泊、群山和岩石，但当地人自幼生长于此，走过千百万次，史诗中提到格萨尔王携千万铁骑呼啸征战的地方，对于他们来说犹如亲见。或许你也可以尝试用想象和感觉阅读大地：听到次第响起的法螺号声，看到缓慢拉紧的古老弓弦，成群湖马从震荡的水面跃出，人身熊头的山神怒吼而起……感受神话依然在这片土地上生长、蔓延，并口口相传。

重走澜沧江源入藏古道

自吐蕃时代以来，三江源地区就已经成为吐蕃进入中原、连接欧亚大陆的主干道之一。早在汉地的人们将目光投向三江源区域之前，这里的先民就已经用双脚探索过每一片土地。对于初来江源的外来者而言，这里或许是无处寻路的荒原，而对于生活在这里的牧民而言，这里却是四通八达的坦途。从文成公主入藏开始，三江源头因成了唐蕃间的通衢而愈加重要起来。根据相关记载推测，文成公主当年的进藏路线是西线，经由杂多至那曲最终抵达拉萨。这条进藏线路经杂多县的扎青乡、莫云乡，穿过澜沧江源区和长江源区的湿地草原，再翻越青藏界山唐古拉山脉的查吾拉山口，就可以到达聂荣县，再经那曲市、当雄县、堆龙县就可以到达拉萨市。

目前，由杂多入藏有三条线路：

重走澜沧江源入藏古道

路线 > 玉树市—莫云乡 / 结多乡 / 查旦乡—拉萨市

难度 > 中 / 高

距离 > 约 1200 千米

时间 > 2～3 天

1. 杂多县城—莫云乡—查旦乡—查吾拉山口入藏—聂荣县—那曲市—拉萨市

出杂多县城往西，在扎曲河湾的分叉路口向左拐入 807 县道杂阿段。翻过一座 4700 米的垭口，过郎切涌曲河，顺着河谷前往查旦乡方向。中途将经过一座颜色泛红的山，岩壁上刻画着大幅反映藏传佛教的图画，这一段小道就是“盐牛古道”，路边还立有“盐牛古道”字样的木牌。

查旦乡北面是连绵雪山，南面则是长江南源当曲发源地湿地草甸，河道密布，路况较差。此后就是大片牧场草原，直到唐古拉山脚下，然后一路爬升翻过

拓展阅读

古道驿站扎西拉武寺

据李默德和吕推记录，这条路所经之地大部分是碎石荒山，但古道上的重要驿站扎西拉武寺却是绿洲。扎西拉武寺已有 800 年历史，位于扎青乡的峡谷中，背倚高大岩壁，下临奔涌红河。在过去的藏族地区，四面八方的人们不仅前来朝圣，也带着各式供奉品和货物进行交换，寺庙附近形成了热闹的市集。现在的扎西拉武寺已不再是交通节点，成为现代路网之外的安静角落，而雪豹、岩羊、白唇鹿、藏狐等野生动物则成为这里的常客。

扎西拉武寺

查吾拉山口，再抵达那曲的聂荣县，经那曲市至拉萨市。

查吾拉是唐古拉山难得的低海拔山口，海拔约为 5000 米，是当年文成公主进藏时选择的路线。山口处可见万千经幡飞舞，四方雪山层叠绵延。玉树各民族的人们都有来此悬挂经幡的习俗，他们认为，此山口前后连通众山，是一个好客之山，可在此祈祷健康、财富、名望，让这座山把愿望通过其他山远远地传递出去。

2. 杂多县城—莫云乡—查旦乡—玛如乡—索县—那曲市—拉萨市

此条线路的杂多县城至查旦乡与第一条道相同，自查旦乡直接向南，穿越大片湿地草甸，翻越唐古拉山脉一个海拔高达 5000 多米的山口就到了玛如乡，之后转上 317 国道，经索县、那曲市抵达拉萨市。1894 年，法国探险家李默德和吕推曾经走过这条路，当时他们从那曲进入拉萨受阻，想找一条捷径撤回青海玉树，发现有一座山将索曲（在西藏巴青县）与当曲（在玉树杂多县）流域分开。翻过这座山，并越过山脚下的一片冰川后，就进入杂多县境内。

3. 杂多县城—结多乡—苏鲁乡—布塔乡—色扎乡—索县—那曲市—拉萨市

沿扎曲往西出杂多县城，在扎曲河湾的分岔路口向左拐入结多方向，从原来的 224 省道（现 345 国道）一路向南，绕过一段山路后进入昂曲流域。之后到达苏鲁乡，在出口处不远的吉赛村岔路口往右拐入 003 乡道。

此后路线逐渐接近唐古拉山的南脉他念他翁山，远看雪线非常整齐，山下是望不到边的草场湿地，沟岔纵横，路面也常有积水。在沙木涌曲可从一个非常平缓的山口翻越唐古拉山，进入西藏的布塔乡，沿着537乡道向前，可在色扎乡进入317国道，经索县、那曲市抵达拉萨市。

探访“青海南大门”囊谦

探访青海南大门囊谦

路线 > 玉树市结古镇—澜沧江源水利风景区—囊谦县—阿育王塔/尕尔寺/嘎丁寺等

难度 > 低

距离 > 约200千米

时间 > 1天或以上

进入囊谦县城之前，沿江可见澜沧江水利风景区，基本为高山峡谷地貌。河流或沿着沟底蜿蜒而过，形成回转河湾；或在河滩上漫散流淌，宽窄交错。河谷里温润潮湿，林灌丛生，加之很多寺庙分布其间，兼具自然

澜沧江水利风景区

宗国寺

及人文景观，形成了高原上难得的秀丽风景。

囊谦县作为宗教大县，有众多寺庙，以其优美风景和浓厚底蕴而知名。其中，尕尔寺修建于白扎林场大峡谷的悬崖之上，是噶举派最大的寺院之一，传说寺内有文成公主从汉地带来的自转法轮；嘎丁寺位于毛庄乡一座凸起的山峦上，子曲绕寺而过；宗国寺位于吉尼赛乡的然察宗果神山坡顶，四周皆为万丈悬崖；才久寺位于囊谦县城，以阿育王塔著名，从建塔至今有 2300 多年历史，内藏佛祖法身舍利；达那寺位于吉尼赛乡达那山山腰，是国家级文物保护单位，是藏族地区唯一一座格萨尔岭国寺院。

除此之外，由于囊谦县是青海省在古盐道、唐蕃古道和茶马古道上的重要节点，较为多样的产业使囊谦成为了玉树传统商业的典型站点，如手工盐、藏黑陶、藏纸等。而经常被称为“唐蕃古道”的线路便是由囊谦入藏，该线路经由 214 国道直达西藏类乌齐县，后转 317 国道川藏北线，然后经丁青县、林芝市抵达拉萨市。214 国道起点为青海省西宁市，终点为云南省澜沧拉祜族自治县，全程 2961 千米，经过青海、西藏和云南，是古代“唐蕃古道”“茶马古道”的延续。

嘎丁寺

阿育王塔

尕尔寺

考察建议

对于想要前往三江源国家公园澜沧江源园区进行考察的来访者，有以下建议：

1. 需经过三江源国家公园管理局审批通过后，方可入园进行游憩、拍摄、科考等活动。

2. 自觉遵守国家公园规定，禁止非法穿越，禁止擅自使用摄影帐篷、无人机或进行商业摄影等。

3. 共同爱护动植物，禁止以追逐、惊吓、陷阱或任何方式对动植物造成干扰，禁止用声音、气味、食物、灯光等吸引任何动物以免改变其习性。

4. 自觉维护园内环境，禁止遗弃各类垃圾，禁止破坏、涂抹、雕刻任何岩石或文物遗迹，禁止在山上吸烟、使用明火。

5. 在园区内，请始终遵循当地向导的指示，不可离开向导自行上山或分散行动。

6. 与动物保持至少 200 米的距离，避免因距离过近而干扰野生动物（若动物向观察点接近，可留在原地继续观察）。

7. 禁止对动物使用闪光灯，或在夜间使用探灯寻找野生动物。

8. 不要在此留下任何垃圾，并尽量少使用一次性用品，若发现有其他垃圾请帮助当地人收集。

9. 尊重当地民众及本土文化，保持友好沟通。

这就是澜沧江！

它的每一滴水都融入了自然的韵律，在阳光的照耀下熠熠生辉、晶莹剔透。

在澜沧江的岸边，生命以最纯粹的形式呈现。从晨曦中的鸟啼到夜幕下的兽鸣，从流石滩上的花朵摇曳到山林间的微风吹过，一切都充满了生命力。

澜沧江养育了一代又一代的儿女，他们在这片土地上繁衍生息。从它的怀抱中，人们获得了生命的源泉和心灵的慰藉。

当我们站在澜沧江的岸边，不禁会被它的美丽所震撼，这条河流汇聚了自然的鬼斧神工，它的水流激起人们对生命的思考和历史的回忆。

让我们用心去感受澜沧江所带来的美好与力量，去体验这个世界的壮丽与广阔。

Reference

参考资料

[1] 才华烨. 入藏八线 [M]. 北京：北京联合出版公司，2019.

[2] 陈灵芝. 中国的生物多样性现状及其保护对策 [M]. 北京：科学出版社，1993.

[3] 陈龙，谢高地，裴厦，等. 澜沧江流域生态系统土壤保持功能及其空间分布 [J]. 应用生态学报，2012，23 (8)：2249-2256.

[4] 陈龙，谢高地，张昌顺，等. 澜沧江流域生态系统水源涵养功能研究（英文）[J]. Journal of Resources and Ecology，2011，2 (4)：322-327.

[5] 陈龙，谢高地，张昌顺，等. 澜沧江流域土壤侵蚀的空间分布特征 [J]. 资源科学，2012，34 (7)：1240-1247.

[6] 陈晓. 从玉树进藏的几条道路 [J]. 三联生活周刊，2014，36：140-153.

[7] 陈晓. 澜沧江三日溯源记 [J]. 三联生活周刊，2014，36：52-67.

[8] 程慧艳，王根绪，王一博，等. 黄河源区不同植被类型覆盖下季节冻土冻融过程中的土壤温湿空间变化 [J]. 兰州大学学报（自然科学版），2008 (2)：15-21.

[9] 樊江文，邵全琴，王军邦，等. 三江源草地载畜压力时空动态分析 [J]. 中国草地学报，2011，33 (3)：64-72.

[10] 范晓. 不同寻常的中国极地公园 [J]. 中国国家地理 三江源国家公园特辑，2016：14-43.

[11] 高煜芳，居·扎西桑俄. 情与器的多重世界：雪域高原的生命和环境 [J]. 中央民族大学学报（哲学社会科学版），2021，48 (6)：83-94.

[12] 海占忠. "三江源" 区生态保护与畜牧业可持续发展的措施 [J]. 青海畜牧兽医杂志，2008 (4)：40-41.

[13] 何大明. 澜沧江—湄公河水文特征分析 [J]. 云南地理环境研究，1995 (1)：58-74.

[14] 乐佩琦，陈宜瑜. 中国濒危动物红皮书鱼类 [M]. 北京：科学出版社，1998.

[15] 刘波，肖子牛. 澜沧江流域 1951—2008 年气候变化和 2010—2099 年不同情景下模式预估结果分析 [J]. 气候变化研究进展，2010，6 (3)：170-174.

[16] 刘东黎. 江河之上—三江源的历史与地理 [M]. 北京：中华书局有限公司，2016.

[17] 刘纪远，徐新良，邵全琴. 近 30 年来青海三江源地区草地退化的时空特征 [J]. 地理学报，2008 (4)：364-376.

[18] 刘晓玲. 三江源自然保护区"黑土滩"退化草地调查 [J]. 青海师范大学学报（自然科学版），2007（1）：93-96.

[19] 罗洪忠. 澜沧江源第一县 [J]. 西藏人文地理，2015（6）：20-135.

[20] 吕顺清，杨大同. 我国澜沧江流域两栖类多样性及人文因素对其的影响 [C]// 中国动物学会. 中国动物科学研究—中国动物学会第十四届会员代表大会及中国动物学会 65 周年年会论文集. 北京：中国林业出版社，1999.

[21] 南文渊. 藏族传统文化与青藏高原环境保护和社会发展 [M]. 北京：中国藏学出版社，2008.

[22] 尼玛江才. 玉树民俗 [M]. 西宁：青海人民出版社，2019.

[23] 青海省地方志编纂委员会. 长江黄河澜沧江源志 [M]. 郑州：黄河水利出版社，2001.

[24] 仁青卓玛. 藏族牧民生态知识及其当代实践价值——以青海省称多县嘉塘草原珍秦二村为例 [D]. 北京：中央民族大学，2021

[25] 尚占环，董全民，施建军，等. 青藏高原"黑土滩"退化草地及其生态恢复近 10 年研究进展——兼论三江源生态恢复问题 [J]. 草地学报，2018，26（1）：1-21.

[26] 单之蔷. 大河本无源 [J]. 中国国家地理，2009（3）：12-17.

[27] 税晓洁. 澜沧寻源：那是一方魔幻世界 [J]. 中国国家地理 三江源国家公园特辑，2016：94-103.

[28] 唐川，朱静. 澜沧江中下游滑坡泥石流分布规律与危险区划 [J]. 地理学报，1999（S1）：84-92.

[29] 唐涓. 江源栖居 [M]. 西宁：青海人民出版社，2021.

[30] 汪松，解焱. 中国物种红色名录第一卷—红色名录 [M]. 北京：高教出版社，2004.

[31] 王娟，杜凡，杨宇明，等. 中国云南澜沧江自然保护区综合科学考察研究 [M]. 北京：科学出版社，2010.

[32] 王湘国，吕植. 三江源国家公园自然图鉴 [M]. 南京：译林出版社，2021.

[33] 文扎. 问道三江源 [M]. 西宁：青海人民出版社，2021.

[34] 闻丞. 澜沧江源区 一片被遗忘的野生动植物天堂 [J]. 中国国家地理，2016（6）：132-149.

[35] 吴玉虎. 澜沧江源区种子植物区系研究 [J]. 武汉植物学研究，2009，27（3）：277-289.

[36] 吴征镒，王荷生. 中国自然地理：植物地理（上册）[M]. 北京：科学出版社，1983.

[37] 肖凌云. 守护雪山之王——中国雪豹调查与保护现状 [M]. 北京：北京大学出版社，2019.

[38] 杨浪涛. 澜沧江：无源之水 [J]. 中国国家地理，2006（3）：112-121.

[39] 杨勇. 昂赛能从青藏高原上的丹霞秘境变为我国国家公园的示范吗？[J]. 中国国家地理，2016（5）：82-95.

[40] 张帆. 澜沧江：守住传统还是接受科学 [J]. 中国国家地理，2009 (3)：58-70.
[41] 张倩. 贫困陷阱与精英捕获：气候变化影响下内蒙古牧区的贫富分化 [J]. 学海，2014 (5)：132-142.
[42] 张涛涛. 气候变化下青藏高原雪灾趋势判断及相关机理分析 [D]. 西安：陕西师范大学，2014.
[43] 张忠孝. 青海地理 [M]. 北京：科学出版社，2009.
[44] 赵林，胡国杰，邹德富，等. 青藏高原多年冻土变化对水文过程的影响 [J]. 中国科学院院刊，2019，34 (11)：1233-1246.
[45] 中国科学院中国植物志编辑委员会. 中国植物志 [M]. 北京：科学出版社，1985.
[46] 周华坤，赵新全，周立，等. 青藏高原高寒草甸的植被退化与土壤退化特征研究 [J]. 草业学报，2005 (3)：31-40.
[47] Cao J J, Adamowski J F, Deo R C, et al. Grassland degradation on the Qinghai-Tibetan plateau：reevaluation of causative factors [J]. Rangeland Ecology & Management, 2019, 72 (6): 988-995
[48] Han X, Huettmann F, Guo Y, et al. Conservation prioritization with machine learning predictions for the black-necked crane Grus nigricollis，a flagship species on the Tibetan plateau for 2070 [J]. Regional Environmental Change, 2018, 18 (7): 2173-2182.
[49] Hayashi M，Sjöberg Y. Permafrost and cold region hydrology，encyclopedia of soils in the environment (second edition) [M]. Academic Press，2023.
[50] He Y，Zhang Y. Climate change from 1960 to 2000 in the Lancang River Valley，China [J]. Mountain Research and Development，2005 (25): 341-348.
[51] Hickling R, Roy D B, Hill J K. A northward shift of range margins in British Odonata [J]. Global Change Biology, 2005, 11 (3): 502-506.
[52] Kang S, Xu Y, You Q, et al. Review of climate and cryospheric change in the Tibetan plateau [J]. Environmental Research Letters, 2010, 5 (1): 015101.
[53] Luo Z, Jiang Z, Tang S. Impacts of climate change on distributions and diversity of ungulates on the Tibetan plateau [J]. Ecological Applications, 2015, 25 (1): 24-38
[54] Piao S, Ciais P, Huang Y，et al. The impacts of climate change on water resources and agriculture in China [J]. Nature，2010 (467): 43-51.
[55] Song B，Chen G，Stöcklin J, et al. A new pollinating seed-consuming mutualism between Rheum nobile and a fly fungus gnat，Bradysia sp.，involving pollinator attraction by a specific floral compound [J]. New Phytol，2014, 203：1109-1118.
[56] Wang H, Liu H Y, Cao G M, et al. Alpine grassland plants grow earlier and faster but biomass remains unchanged over 35 years of climate change [J]. Ecology Letters, 2020, 23 (4): 701-710.
[57] Wang Y F, Lv W W, Xue K, et al. Grassland changes and adaptive management on

the Qinghai-Tibetan plateau [J]. Nature Reviews Earth & Environment.

[58] Wilson R J, Gutierrez D, Gutierrez J. Changes to the elevational limits and extent of species ranges associated with climate change[J]. Ecology letters, 2005, 8 (11): 1138-1146.

[59] Yan J, Wu Y Y, Zhang Y. Adaptation strategies to pasture degradation: gap between government and local nomads in the eastern Tibetan plateau [J]. Journal of Geographical Sciences, 2011, 21 (6): 1112.

[60] Yang F, Zhang G S, Xia L F, et al. Environmental response to climate change in the Qinghai plateau [J]. Arid Zone Research, 2009, 26 (2): 267-276.

[61] Yu H Y, Luedeling E, Xu J C. Winter and spring warming result in delayed spring phonology on the Tibetan plateau [J]. PNAS, 2010(107): 22151-22156.

[62] Zhao D S, Wu S H, Yin Y H. Vegetation distribution on Tibetan plateau under climate change scenario[J]. Regional Environmental Change, 2011, 11 (4): 905-915.